Thomas Schmidt

# WAS PIEPT UND FLIEGT IN HAMBURG?

*EIN VOGELKUNDLICHER STADTFÜHRER*



JUNIUS

# INHALT

# FREIE UND VOGELSTADT HAMBURG

Hamburg ist besonders grün, was sich bereits an der Gesamtfläche seiner insgesamt 33 Naturschutzgebiete zeigt: Sie umfassen rund acht Prozent des Stadtareals. Damit liegt Hamburg bundesweit an der Spitze. Das wissen auch Amsel, Drossel, Fink und Star zu schätzen. Fast 160 Vogelarten brüten in der Elbmetropole. Darunter Allerweltsarten wie Amsel und Kohlmeise, aber auch Seltenheiten wie Pirol und Neuntöter. Wesentlicher Grund für die hohe Artenzahl ist die Vielfalt der Biotope. Besonders bunt ist das Vogelleben natürlich in den Naturschutzgebieten. So brüten im Duvenstedter Brook etwa neunzig Vogelarten. Der scheue Kranich ist hier ebenso zu Hause wie die musikalische Nachtigall oder der schillernd blaue Eisvogel. Aber auch in Parks, Gärten und begrünten Wohnvierteln sind viele Vögel zu finden. Im Stadtpark nisten fast fünfzig Arten, und in den innenstadtnahen Wallanlagen sind es noch etwas über dreißig Arten. Selbst in der dicht und hoch bebauten City und in unwirtlichen Gewerbegebieten lassen sich ornithologische Beobachtungen machen.

Unsere gefiederten Nachbarn wissen sich in der Stadt zu behaupten. Auf dem kiesbedeckten Flachdach im Elbe-Einkaufszentrum brütet ein Austernfischer, Hausrotschwänze nisten zwischen Containern im Hamburger Hafen. Besonders findig war ein Elsternpaar: Es baute sich vor einigen Jahren sein Nest in der Takelage einer kleinen nachgebildeten Hansekogge, die den Giebel eines Geschäftshauses in der Mönckebergstraße ziert. Sehr anpassungsfähig und deshalb auch weit fortgeschritten im Prozess der Verstädterung ist die Amsel, auch Schwarzdrossel genannt. Sie bringt es in Hamburg auf rund 68 000 Brutreviere, fast doppelt so viele wie die an zweiter Stelle folgende Kohlmeise. Wenn es um Nistplätze geht, ist die Amsel nicht wählerisch. Als ehemaliger Waldvogel brütet sie natürlich am liebsten in Bäumen oder kleinen Sträuchern. Sie weiß aber auch ihren Nachwuchs im dichten Efeu an einer Hauswand, im Blumenkasten auf dem Balkon einer Etagenwohnung oder in einem verrosteten Eimer aufzuziehen.

Die Vogelwelt in der Stadt bleibt nicht immer gleich. Noch vor gut hundert Jahren war die heute so häufige Amsel in Hamburg kaum anzutreffen. Eine andere Entwicklung zeigt sich bei der Haubenlerche, die etwa zur gleichen Zeit wie die Amsel in die Stadt eingewandert ist. In den ersten Jahren nach dem Zweiten Weltkrieg nahm der Bestand deutlich zu, weil der Steppenvogel auf den ausgedehnten Trümmerflächen passenden Ersatzlebensraum fand. Ende des 20. Jahrhunderts war die Zahl der Brutpaare auf nur fünf zurückgegangen. Heute ist die Haubenlerche in Hamburg ausgestorben. Über den Gimpel stellte der Ornithoparasitologe Günter Timmermann in seinem 1953 erschienenen Büchlein »Die Vogelwelt des Hamburger Wandergebietes« fest, dass er »im ganzen nicht häufig« sei. Der im Jahr 2012 veröffentlichte »Atlas der Brutvögel in Hamburg und Umgebung« des Arbeitskreises an der Staatlichen Vogelschutzwarte Hamburg dagegen verzeichnet nicht weniger als 4300 Brutreviere.

Dieser vogelkundliche Wanderführer stellt dreizehn ausgewählte Biotope vor. Sie sind über ganz Hamburg verteilt und im Allgemeinen gut zu erreichen. Die verschiedenen Wege erfordern alle keine sportlichen Höchstleistungen. Außer fünf Naturschutzgebieten und fünf städtischen Parkanlagen sind auch Elb-, Alster-, und Wandse-Wanderweg dabei. Es lag nahe, den größeren Teil der Beobachtungen auf Frühling und Frühsommer einzugrenzen, weil die Vögel in der Brutperiode besonders sangesfreudig sind. Ausnahme sind der Herbstspaziergang im Naturschutzgebiet Holzhafen und die winterlichen Vogelbeobachtungen am Öjendorfer See und im Botanischen Garten Klein Flottbek. Jeweils fünf Vogelarten sind näher beschrieben, wobei neben häufiger vorkommenden auch seltenere berücksichtigt werden.

Gerade die Vögel ermöglichen uns Großstädtern einen der leider immer seltener werdenden Kontakte zur Natur. Sie lassen uns das hektische urbane Getriebe leichter ertragen, denn sie sind fast überall zu beobachten und erinnern immer wieder daran, dass die Stadt nicht uns allein gehört. Wir freuen uns über die kecken Meisen, die kopfüber am Meisenring herumturnen und sich an den Samenkörnern gütlich tun. Watschelt eine Entenfamilie im Gänsemarsch über eine viel befahrene Straße, treten wir bereitwillig auf die Bremse. Und wenn eine Amsel den Morgen begrüßt, mag sich der eine gestört fühlen, ein anderer sich aber gern von den kunstvollen Melodien wecken lassen. Die Vogelbeobachtung – besonders das Hören der Laute und Gesänge – bereitet vielen Menschen Freude. Man nennt die Vogelkunde deshalb auch eine »scientia amabilis«, also eine liebenswerte Wissenschaft.

GERSTRASSE
KAROLINENSTRASSE
ST. PETERSBURGER STRASSE
E.-SIEMERS-ALLEE
DB
DAMMTOR
ALSTERUFER
VORWERKSTR.
ALSTERTERRASSE
ALSTERGLACIS
BEI DEN KIRCHHÖFEN
STEPHANSPLATZ
RKTSTRASSE
ESPLANADE
MESSEHALLEN
GORCH-FOCK-WALL
DAMMTORSTRASSE
NEUER JUNGFERNSTIEG
FELDSTRASSE
SIEVEKINGPLATZ
GÄNSEMARKT
KAISER-WILHELM-STRASSE
GLACISCHAUSSEE
PILATUSPOOL
JUNGFERNSTIEG
GROSSE BLEICHEN
HOLSTENWALL
JUNGFERNSTIEG
NEUER WALL
PAULI
RATHAUS
LUDWIG-ERHARD-STRASSE
STADTHAUS-BRÜCKE
DOMSTRASSE
HELGOLÄNDER ALLEE
GROSSER BURSTAH
BÖHMKENSTRASSE
RÖDINGSMARKT
WILLY-BRANDT-STRASSE
ADMIRALITÄTSTRASSE
RÖDINGSMARKT
ZIPPELHAUS
LANDUNGSBRÜCKEN

# WALLANLAGEN UND CITY

Um 1800 herum konnten sich die Enten auf dem Stadtgraben über üppige Fütterung freuen, wenn Hamburger Bürger ihr in Altona gekauftes billiges Brot nicht unentdeckt durch die Hamburger Zollkontrolle bekamen. Sie warfen es dann lieber ins Wasser, als die Akzise zu zahlen. Kurz vor dem Dreißigjährigen Krieg hatte die Stadt den holländischen Festungsbaumeister Johan van Valckenburgh beauftragt, neue Befestigungen anzulegen. Der heutige Straßenzug vom Klosterwall über die Esplanade bis zum Holstenwall folgt dem schon lange nicht mehr bestehenden Stadtwall. Bereits vor der Mitte des 19. Jahrhunderts begann man, dem Verlauf der Wälle entlang Parkanlagen zu schaffen, aus denen schließlich der Grünzug mit Planten un Blomen, dem Alten Botanischen Garten und den Wallanlagen hervorging. Von den alten Befestigungsanlagen ist heute nur noch der große Teich beim Stephansplatz übrig, andere Reste des alten Stadtgrabens wurden 1946/47 mit Trümmerschutt zugeschüttet.

## GEFIEDERTE STÄDTER

Mit den Wallanlagen haben sich die Hamburger ein Stück Natur in die Stadt geholt. Schon 1821 wurde in Dammtornähe ein botanischer Garten angelegt, 1863 richtete man daneben einen zoologischen Garten ein, der in den Anfangsjahren von dem berühmten Zoologen und Schriftstel-

*Die zentral gelegenen Wallanlagen mit Haupteingängen unweit der U-Bahn-Station St. Pauli (U3) und beim Stephansplatz (U1) sind gut mit öffentlichen Verkehrsmitteln zu erreichen.*

*Zilpzalp*

ler Alfred Brehm geleitet wurde. Der Zoo bestand bis 1930. Der Alte Botanische Garten hat seine Funktion 1979 an den neuen in Klein Flottbek abgegeben und ist jetzt Parkanlage. Exotische Tier- und Pflanzenwelt ist also nicht mehr anzutreffen, abgesehen von dem einen oder anderen Baum oder Strauch. An Attraktivität hat der durch mehrere Gartenbau-Ausstellungen immer wieder umgestaltete Grünzug zwischen Millerntor und Dammtor jedoch nicht verloren. Alter Parkbaumbestand mischt sich mit abwechslungsreichen neueren Anpflanzungen – eine schöne Umgebung für vielfältige Freizeitangebote wie Eisbahn, Kindertheater, Minigolf, Cafés und Spielplatz. Vom Gorch-Fock- und vom Holstenwall her rauscht der Verkehr, was aber eine Reihe von Vögeln nicht davon abhält, sich in den Wallanlagen ihr Brutrevier zu suchen. Mehr als dreißig Vogelarten wurden gezählt. Außer etwa Amsel, Buchfink, Kohl- und Blaumeise nisten hier sogar Kernbeißer und Misteldrossel. Wo am Stephansplatz der Park endet und die Innenstadt beginnt, ist es mit der Vielfalt der Vogelwelt vorbei. Auf dem Weg zum Rathausmarkt halten die stadttypischen Tauben die Stellung, gelegentlich ein paar Spatzen oder ein Hausrotschwanz und in den Alsterarkaden überraschenderweise eine kleine Mehlschwalben-Kolonie.

An der Ecke Glacischaussee/Millerntordamm befindet sich der Südeingang zu den Großen Wallanlagen. Bismarck-Denkmal und Michel grüßen herüber und erinnern daran, dass wir uns mitten in Hamburg befinden. Der Lärm der abendlichen Rushhour im Juni ist unüberhörbar, doch angenehmere Töne lenken uns davon ab: Eine Amsel flötet ihr Abendlied, Grünfinken trillern und lassen an Kanarienvögel denken, an einem der Parkbäume trommelt ein Buntspecht. Der Weg führt an einem langgezogenen Teich mit zumeist befestigtem Ufer entlang. Auf dem Wasser Stockenten und Blässhühner. Auf einer Rasenfläche stochern einige Schwarzröcke emsig nach Essbarem: Amseln, Stare und Rabenkrähen. Zwei Misteldrosseln, ein paar Straßentauben und eine Silbermöwe haben sich dazugesellt. Aus der Richtung des Museums für Hamburgische Geschichte meldet sich unverkennbar ein **ZILPZALP**. Obwohl wir gar nicht ins Museum wollen, gehen wir über die kleine Brücke, um in die Nähe des Laubsängers zu kommen. Im Gezweig einer großen alten Eiche ist er rastlos damit beschäftigt, Blätter, Zweige und Baumrinde nach Insekten, deren Larven, Spinnen und kleinen Schnecken abzusuchen. Zwischendurch ist immer wieder sein unermüdlich wiederholtes »zilp zalp zilp zalp zilp zalp« zu vernehmen. Sein wissenschaftlicher Name, Phylloscopus collybita, enthält das lateinische Wort für den Geldwechsler, denn man meinte, aus seinem Gesang den Klang von Münzen herauszuhören, die beim Abzählen auf andere Münzen fallen. Der Weidenlaubsänger, wie er auch genannt wird, war ursprünglich Waldvogel, weiß aber schon längst städtische Areale wie Gärten, Parks und Friedhöfe zu schätzen.

Zurück auf unserem Weg, spazieren wir weiter durch das Parkgelände. Die Vielfalt der Baumarten ist auffallend. Leicht zu erkennen sind etwa Kastanie, Eiche, Buche, Platane und Ahorn, um nur einige zu nennen. Hier und

**ZILPZALP** (Phylloscopus collybita) [KENNZEICHEN] Länge 10–12 Zentimeter; Oberseite olivbraun, Unterseite weißlich, Kehle und Brust schwach gelb; heller Überaugenstreif. Schwer vom Fitis zu unterscheiden. [STIMME] Ein unverwechselbares, hell klingendes und häufig wiederholtes »zilp zalp zilp zalp ...«. Die schlichten Strophen sind nicht nur im Frühjahr zu hören, sondern – anders als bei den meisten anderen Vögeln – oft noch einmal zu Beginn des Herbstes. Ruf: Ein weiches »hüid« (nicht so ausgeprägt zweisilbig wie beim Fitis). [LEBENSRAUM] Laub- und Mischwälder, Feldgehölze, Parks, Gärten und Friedhöfe. [SONSTIGES] Zugvogel mit leichter Tendenz zu Überwinterungsversuchen. Von März/April bis September/Oktober bei uns. In Hamburg inzwischen auch in begrünten Innenstadtbereichen.

*Heckenbraunelle*

da ist die Identität der Bäume nicht auf den ersten Blick klar. Dort haben wir es vielleicht mit exotischen Parkbäumen wie Götterbaum oder Trompetenbaum zu tun. Irgendwo rechts von uns tummeln sich Inline-Skater und Rollschuhläufer auf der Rollschuhbahn, die sich im Winterhalbjahr in eine Kunsteisbahn verwandelt. Am Rand des Spielplatzes, den wir nun erreichen, stehen einige Nadelbäume. Auf der Spitze einer Kiefer sitzt ein kleiner Vogel, den wir durch das Glas näher in Augenschein nehmen. Er sieht fast wie ein Spatzenweibchen aus, wozu allerdings der dünne, spitze Insektenfresser-Schnabel und der graue Kopf nicht so recht passen. Nun fängt er mit weit aufgerissenem Schnabel an zu zwitschern: kurze, wenig modulierte Strophen von hellen Trillern. Es ist eine **HECKENBRAUNELLE**, die graue Maus unter den Stadtvögeln. Bei ihrem Gesang fühlt sich manch einer an das Quietschen einer Tür erinnert. Die Braunelle auf der Baumspitze verstummt plötzlich, stürzt senkrecht abwärts und sucht Deckung in einem nahen Gebüsch. Vielleicht huscht sie jetzt am Boden umher und sucht nach Insekten und Spinnen. Sollte sie im Winter hierbleiben, wird sie sich an Sämereien – wie etwa Samen von Erle, Birke und »Unkräutern« – halten. Wie der Zilpzalp ist auch die Heckenbraunelle ursprünglich ein Waldvogel.

**HECKENBRAUNELLE** (Prunella modularis) [KENNZEICHEN] Länge 13–14,5 Zentimeter; ähnelt dem Haussperlingsweibchen, Schnabel aber fein und spitz, Kopf und Brust bleigrau. [STIMME] Kurze, wenig modulierte Strophen von hellen Trillern. Gesang wird häufig von der Spitze eines Nadelbaums oder Busches vorgetragen. [LEBENSRAUM] Nadel- und Mischwälder, naturnahe Gärten, unterholzreiche Parks und Friedhöfe. [SONSTIGES] Ein Teil der Heckenbraunellen zieht im September/Oktober fort und kehrt im März/April zurück, die Übrigen bleiben hier. In Hamburg nimmt der Bestand zu.

Nachdem wir die beiden zum Sievekingplatz gehörigen Straßen unterquert haben, gelangen wir in die Kleinen Wallanlagen. Dort hören wir plötzlich einen melancholisch klingenden Vogelruf. Der dazugehörige Piepmatz sitzt in einem Weißdornstrauch. Es ist ein männlicher **GIMPEL**, was wir an seiner leuchtend roten Brust erkennen. Wegen der schwarzen Kappe und vielleicht wegen seines behäbigen Wesens verfiel man darauf, den ursprünglich in Wäldern beheimateten Vogel auch Dompfaff zu nennen. Früher waren Dompfaffen, denen man durch Vorpfeifen einfache Melodien beigebracht hatte, beliebte und teuer gehandelte Stubenvögel. Wir pfeifen dem Sänger zum Abschied sein kurzes »diü« zu und gehen weiter, unter der Jungiusstraße hindurch und in den Alten Botanischen Garten hinein. Der Weg führt am großen Teich entlang, der die Anlage dominiert. Unter den Erlen und Weiden in Ufernähe sind auch sehr alte Sumpfzypressen auszumachen. Am Ufer gegenüber steht regungslos ein Graureiher, auf dem Wasser schwimmen Stockenten, Teichhühner, zwei Haubentaucher und ein Höckerschwan. Das nach links, zu den Gewächshäusern hin ansteigende Gelände, die so genannten Mittelmeerterrassen, schmückt sich mit bunter Blütenpracht. Beim Eis-Pavillon am Parkausgang hat das Stadtgetriebe uns wieder.

*Gimpel*

**GIMPEL** (Pyrrhula pyrrhula) [KENNZEICHEN] Länge 15,5–17,5 Zentimeter; gedrungen wirkender Vogel. Kurzer und kräftiger schwarzer Schnabel. Schwarze Kappe, Rücken blaugrau, Bürzel und Flügelbinde weiß. Brust beim Männchen leuchtend karminrot, beim Weibchen rötlichgrau. [STIMME] Ein melancholisches »diü«. Der unauffällige und zaghafte Gesang setzt sich aus leisen, tiefen Flötentönen und nasal oder kratzend klingenden Lauten zusammen. [LEBENSRAUM] Nadel- und Mischwälder, Parks, Friedhöfe, Gärten. [SONSTIGES] Jahresvogel. In Hamburg nimmt die Zahl brütender Gimpel leicht zu. Einige sind bereits in zentrumsnahen Grünanlagen heimisch geworden.

Hausrotschwanz

Automassen wälzen sich geräuschvoll kreuz und quer über den Stephansplatz. Die Fassade der früheren Oberpostdirektion beherrscht den Platz mit kaiserzeitlichem Pomp. Oben auf dem Helm des Eckturms macht sich der Götterbote Merkur zum Abflug bereit, mit Flügeln am Hut und an den Sandalen. Auf der Balustrade unterhalb des Turmhelms bewegt sich etwas Kleines, Unscheinbares. Durch das Fernglas ist ein **HAUSROTSCHWANZ** zu erkennen. Der dunkel gefiederte Vogel lässt auffallend oft seinen rostroten Schwanz zittern und knickst ein ums andere Mal. Hausrotschwänze waren ursprünglich Bewohner von gebirgigen Regionen. In den Städten fanden sie eine neue Heimat. Dort brüten sie fast ausschließlich an Gebäuden, für die Kulturfolger ein adäquater Ersatz für die Felsen.

Vom Stephansplatz aus führt unser Weg nun durch die Colonnaden. Der Blick auf die Binnenalster kommt zu kurz, denn wir haben uns durch das Fußgängergewimmel am Jungfernstieg zu kämpfen. Die Alsterarkaden an der Kleinen Alster sind seit Jahren die Sommerheimat einiger Mehlschwalbenpaare. Am Ende, zur Schleusenbrücke hin, haben sie ihre Nes-

**HAUSROTSCHWANZ** (Phoenicurus ochruros) [KENNZEICHEN] Länge 13–14,5 Zentimeter; rostroter, häufig zitternder Schwanz. Männchen rußschwarz mit weißem Flügelfeld; Weibchen schiefergrau, ohne Weiß auf den Flügeln. [STIMME] Zweiteiliger Gesang. Schon frühmorgens zu hören: Einem hellen »jirr-titititi« folgt ein mit gepressten Zischlauten eingeleitetes hohes »titütili«. Singt manchmal auch nachts. Nach der Sommerpause folgt im Herbst noch eine kurze Gesangsperiode. [LEBENSRAUM] Ursprünglich Felsenbewohner, hat der Hausrotschwanz in den Städten einen neuen Lebensraum gefunden. Dort brütet er fast ausschließlich an Gebäuden. [SONSTIGES] Zugvogel mit leichter Tendenz zu Überwinterungsversuchen. Von März bis Oktober bei uns. Im Hamburger Hafen nisten Hausrotschwänze auch auf Lampenmasten und zwischen Containern.

ter kurz unter der Decke an die Wand geklebt. In rasantem Flug jagen sie zwitschernd über dem Wasser nach Insekten. Mauersegler sorgen für noch mehr Flugbetrieb und lassen ihr durchdringendes »sriih« hören. Von der Brücke aus sehen wir viele Straßentauben auf den Stufen, die zum Wasser hinunterführen. Auf der Kleinen Alster schwimmen verschiedene Vögel: Lachmöwen, Silbermöwen, Stockenten, Alsterschwäne und zwei Graugänse in Erwartung von Futtergaben. Außerdem entdecken wir ein **BLÄSSHUHN**. Es gehört zur Vogelfamilie der Rallen. Seinen Namen hat dieser häufige Wasservogel von seiner weißen Blässe, einem Stirnschild aus Horn über dem Schnabel. Das Blässhuhn schwimmt kopfnickend umher und taucht plötzlich mit kleinem Sprung ins Wasser. Dort sucht es nach Nahrung, etwa Wasserpflanzen und kleinen Fischen. Will ein Blässhuhn vom Wasser aus in die Luft starten, muss es erst einmal mit den Füßen auf der Wasseroberfläche platschend Anlauf nehmen.

*Blässhuhn*

**BLÄSSHUHN** (Fulica atra) [KENNZEICHEN] Länge 36–42 Zentimeter; eine rundliche schiefergraue Ralle mit kleinem schwarzen Kopf, kurzem Schwanz, weißer Blässe und weißem Schnabel. Die Zehen haben Schwimmlappen. [STIMME] Ruft laut bellend »köck« oder »kröck«, aber auch hart und explosiv »pix«. [LEBENSRAUM] Seen, Teiche, Flüsse und Kanäle. [SONSTIGES] Das Blässhuhn ist das ganze Jahr über zu beobachten. Es ist nach der Stockente der häufigste Wasservogel in der Stadt und nimmt in seinem Bestand leicht zu. Besonders im Winter halten sich viele Blässhühner auf den Gewässern auf, weil diese wegen der höheren Temperaturen nicht so leicht zufrieren.

#### HIER VORKOMMENDE BRUTVÖGEL

*Amsel, Blässhuhn, Blaumeise, Buchfink, Buntspecht, Eichelhäher, Eisvogel, Elster, Gartenbaumläufer, Gimpel, Grünfink, Hausrotschwanz, Haussperling, Heckenbraunelle, Kernbeißer, Klappergrasmücke, Kleiber, Kohlmeise, Mauersegler, Mehlschwalbe, Misteldrossel, Mönchsgrasmücke, Rabenkrähe, Reiherente, Ringeltaube, Rotkehlchen, Schwanzmeise, Singdrossel, Star, Stockente, Straßentaube, Teichhuhn, Zaunkönig, Zilpzalp.*

#### TIPPS

➤ *Alljährlich von April bis Juni veranstaltet der NABU vogelkundliche Kurzwanderungen in Planten un Blomen. Information: www.hamburg.nabu.de, Telefon (040) 697 089 0.* ➤ *Der Park ist von 7 bis 23 Uhr (im Winterhalbjahr bis 20 Uhr) geöffnet.* ➤ *Tropengewächshäuser im Alten Botanischen Garten, Telefon (040) 428 382 921. Geöffnet (März bis Oktober): werktags von 9 bis 16.45 Uhr; Wochenende und Feiertage von 10 bis 17.45 Uhr; (November bis Februar): werktags von 9 bis 15.45 Uhr; Wochenende und Feiertage von 10 bis 15.45 Uhr.*

#### EIGENE BEOBACHTUNGEN

## INNENSTADT – ELDORADO FÜR FELSENBRÜTER

*Mauersegler*

Die City ist für die meisten Vögel kein geeigneter Lebensraum. Hier regiert der Mensch. Jeder Winkel ist bebaut. Dicht an dicht stehen Bürogebäude, Banken und Kaufhäuser. Freie Flächen wie Fußgängerzonen, Parkplätze und Straßen sind mit Asphalt versiegelt. Grünflächen muss man suchen, Bäume sind Mangelware. Überhaupt keine Chance also für unsere gefiederten Freunde? Doch, aber nur für einige Überlebenskünstler, die sich in den Steinwüsten der Innenstadt behaupten können.

Tauben und Spatzen dominieren. Beim Einkaufsbummel treffen wir sie garantiert. Wo immer es etwas zu fressen gibt, ob im Straßencafé oder am Stehimbiss – die Nimmersatten sind schon da und schwelgen im Übermaß der Essensreste oder Futtergaben. Auch Mauersegler sind häufig zu sehen und zu hören. Sie interessieren sich aber nicht für Pommes oder Kuchenkrümel. Stattdessen jagen sie in der aufsteigenden Warmluft über den Straßenschluchten oder den Bürotürmen in rasantem Flug nach Insekten. Turmfalken sind schon seltener. Manchmal umfliegen sie mit lauten, schnellen »kli-kli«-Rufen Kirchtürme oder Hochhäuser und halten Ausschau nach Spatzen. Felsenbrütern wie Taube und Mauersegler erscheint die Innenstadt wie ein zerklüftetes Gebirge – ein idealer Ort also, dem Nachwuchs ein gemäßes Heim zu bieten. Überall finden sie günstige Niststandorte wie etwa in Mauernischen. Auch Spatzen und Turmfalken fühlen sich auf den Kunstfelsen des Häusermeers längst zu Hause. Spatzen bauen ihre Nester häufig in geschützte Hohlräume an älteren Gebäuden wie etwa Mauerlöchern oder Nischen unter Vordächern. Turmfalken brüten gern oben auf Kirchtürmen oder auch auf Fenstensimsen von Hochhäusern.

HINDENBURGSTRASSE
ÜBERSEERING
KAPSTADTRING
ÜBERSEERING
DAKARWEG
CARL-COHN-STRASSE
KROCHMANNSTRASSE
BRAAMKAMP
JAHNRING
SAARLANDSTIEG
BAUMKAMP
BUSSESTR.
PLANETARIUM
OTTO-WELS-STRASSE
SAARLANDSTRASSE
BARMBEKER STRASSE
SÜDRING
DOROTHEENSTRASSE
BORGWEG
BORGWEG
MARIA-LOUISEN-STRASSE
OPITZSTRASSE
SAARLANDSTRASSE
WIESENDAMM
KROHNSKAMP
POSSMOORWEG
GOLDBEKUFER
SEMPERUFER
GROSSHEIDESTRASSE

# STADTPARK

Ob ein Picknick auf der Wiese, ein geruhsamer Spaziergang im Gehölz oder ein Stelldichein in lauschiger Gartenecke – der rund 180 Hektar große Hamburger Stadtpark bietet allen etwas. Jogger finden reichlich Auslauf, Fußballer haben ihren Spaß beim Kicken, und die Kleinen tummeln sich auf dem Spielplatz beim Café am Planschbecken. Im ehemaligen Wasserturm auf dem höchsten Punkt des Parks wandern die Sterne über die Kuppeldecke des Planetariums. Die beliebte Parkanlage in der Nachbarschaft von Winterhude, Alsterdorf und Barmbek wurde am 1. Juli 1914 als »öffentlicher Volksgarten« eingeweiht. Den Stadtvätern ging es um frische Luft und Erholung für die damals stark anwachsende Bevölkerung. Nach den Plänen des Baudirektors Fritz Schumacher war eine klar gegliederte Parkarchitektur mit Wäldchen, großen Wiesenflächen, Gartenanlagen und See entstanden.

## RUND UMS PLANETARIUM

Der imposante Backsteinbau des Planetariums im Westteil des Stadtparks ist ein guter Ausgangspunkt für einen vogelkundlichen Spaziergang. Er ist von einem kleinen, nicht besonders unterholzreichen Mischwald eingefasst. Eichen und Buchen dominieren. Der Baumbestand, großenteils der

*Der Hamburger Stadtpark ist dank seiner zentralen Lage gut zu erreichen. U-Bahn (U3) bis Saarlandstraße oder Borgweg; S-Bahn (S1, S11) bis Alte Wöhr; Buslinien 179 bis Stadtpark (Planetarium) und 20 bis Ohlsdorfer Straße. Autofahrer finden viele Parkmöglichkeiten.*

*Eichelhäher*

Abholzung nach dem Zweiten Weltkrieg entgangen, ist ein Rest des früheren »Sierichschen Gehölzes«. Hier fühlen sich viele Vogelarten zu Hause, vor allem Waldvögel wie Rotkehlchen, Zaunkönig, Heckenbraunelle, Gimpel und Amsel. Außer Singvögeln brüten im Stadtpark auch Wasservögel wie Reiherente, Teich- und Blässhuhn und die Greifvögel Habicht, Sperber und Mäusebussard. Fast fünfzig Brutvogelarten hat man gezählt. Besonders vielstimmig ist das Vogelkonzert natürlich im Frühling, wenn die Männchen stimmkräftig um die Weibchen werben und den Artgenossen die Grenzen ihrer Reviere deutlich machen.

Bevor wir unseren Spaziergang beginnen, versuchen wir mit geschlossenen Augen, den vom Jahnring her gedämpft dröhnenden abendlichen Berufsverkehr auszublenden und die vielfältigen Gesänge auf uns wirken zu lassen. Ein Zilpzalp ruft monoton seinen Namen, der winzige Zaunkönig schmettert seine weit hörbaren Melodien und Triller, eine Mönchsgrasmücke flötet ihre klaren Tonfolgen, ein Gimpel lockt mit melancholischem »diü«. Die Vögel machen uns bewusst, wie groß die akustische Umweltverschmutzung ist, der wir in der Stadt ständig ausgesetzt sind. Geruhsam wandern wir jetzt unter Bäumen in Richtung Jahnring. Wir sind nicht allein. Etliche Spaziergänger genießen den milden Aprilabend, Hunde aller Rassen werden ausgeführt, ein kleines Mädchen übt sich wa-

**EICHELHÄHER** (Garrulus glandarius) [KENNZEICHEN] Länge 32–35 Zentimeter; Gefieder auffällig bunt (schwarz, weiß, braun, grau, blau). [STIMME] Durchdringendes »rätsch«, Imitation anderer Vögel, z.B. des Mäusebussards. [LEBENSRAUM] Laub- und Mischwälder, Parks, Wohngebiete und große Gärten mit altem Baumbestand. [SONSTIGES] Ganzjährig zu beobachten. Nicht so häufig wie Elstern und Krähen. Stärker an waldähnliche Gelände gebunden, weniger verstädtert. Im Winter in Trupps umherstreifend.

ckelig auf seinem Kinderfahrrad, Jogger keuchen vorbei. Ein Pfiff in der Nähe gilt einem nicht angeleinten Hund und stammt nicht etwa von einer Amsel, die ihn irgendjemandem abgelauscht hat. Ein Mäusebussard ruft. Da bleiben wir stehen und halten Ausschau: von einem Bussard keine Spur. Ein **EICHELHÄHER** hat uns irregeführt. Er sitzt auf einem Ast und ist inzwischen zu seinem typischen Rätschen übergegangen. Dieser bunt gefiederte Rabenvogel ist ein begabter Stimmenimitator. Auch die Rufe von Dohle, Krähe, Kuckuck und Waldkauz können zu seinem Repertoire gehören. Wenn er im Herbst an verschiedenen Stellen im Wald Eicheln als Wintervorrat vergräbt, macht er seinem Namen alle Ehre. Manche Stellen vergisst er, sodass neue Eichen aufkeimen. Deshalb wird er auch »Pflanzer des Waldes« genannt. Auch »Polizist des Waldes« ist er, weil seine durchdringenden Warnrufe von anderen Vogelarten verstanden und beachtet werden. Wir finden eine seiner kleinen blauschwarz gebänderten Flügelfedern und handeln aus, wer sie mitnehmen darf – als schöne Erinnerung an »Markwart«, den immer wachsamen Eichelhäher.

Je näher wir dem Jahnring kommen, desto störender erscheint uns der Autolärm. Das Brummen eines großen Vogels im Landeanflug auf Fuhlsbüttel kommt hinzu. Schnell ist er außer Sicht, dafür sehen wir ein Eichhörnchen bei seiner Luftnummer, dem Sprung von Ast zu Ast. Das possierliche Tierchen ist kein rei-

*Singdrossel*

**SINGDROSSEL** (Turdus philomelos) [KENNZEICHEN] Länge 20–22 Zentimeter; Oberseite braun, Unterseite rahmfarben mit dunklen Flecken. [STIMME] Lauter und wohltönender Gesang; verschiedene mehrsilbige Motive in zwei- bis dreimaliger Wiederholung. [LEBENSRAUM] Unterholzreiche Wälder, Parks, Gärten. [SONSTIGES] Bei Weitem nicht so häufig und verstädtert wie die Amsel, recht scheu. Zugvogel, von März/April bis September/Oktober bei uns.

ner Vegetarier, sondern hält sich auch an Vogeleier und Jungvögel, wenn sich Gelegenheit bietet. In einer Buche, auf halber Höhe der Krone und unbeirrt vom Stadtgeräusch, variiert laut und inbrünstig eine **SINGDROSSEL** ihre kurzen melodischen Strophen mit den typischen Wiederholungen. Ein Sprecher des Plattdeutschen könnte sich den Gesang so übersetzen: »Kiek Korl, kiek Korl, kiek Korl! / Wat Deerns, wat Deerns, wat Deerns! / Stücker fief, Stücker fief, Stücker fief!« Es soll auch möglich sein, eine Singdrossel zum Antworten zu bringen, indem man ihre unkomplizierten Strophen nachpfeift. Singdrosseln sind dafür bekannt, dass sie Steine als Amboss nutzen, um Schneckengehäuse aufzubrechen. Die »Drosselschmiede« ist an den herumliegenden Gehäuseresten zu erkennen. Um unseren ausdauernden Sänger näher zu betrachten, schauen wir durchs Fernglas. Der goldene Abendsonnenschein bringt das rahmfarbene Brustgefieder mit den dunklen Flecken voll zur Geltung.

Wir biegen nach rechts ab, gehen im Bogen zurück und überqueren den Rasenstreifen, der sich vom Planetarium zur Hindenburgstraße hinstreckt. Auf dem Grün ist einiges los. Ein Federballmatch ist im Gange, eine Frisbeescheibe segelt durch die Luft. Ein paar Amseln und Stare durchforschen geschäftig die Grasnarbe nach Regenwürmern. Mit schnarrendem Flugruf fliegt eine Misteldrossel über uns hinweg, die größte unserer Drosseln. Wieder unter Bäumen, werden wir von Amselgesang empfangen, der sich aber schnell als Lied der Misteldrossel erweist, weil er kürzer ist und ihm

**MÖNCHSGRASMÜCKE** (Sylvia atricapilla) [KENNZEICHEN] Länge 13,5–15 Zentimeter; Gefieder mit wenig unterschiedenen Grautönen; Männchen mit schwarzer, Weibchen mit rotbrauner Kappe. [STIMME] Zweiteiliger Gesang; schwätzender leiser Vorgesang geht über in den klar und laut geflöteten »Überschlag«. In Erregung kurzes »tek«. [LEBENSRAUM] Unterholzreiche Wälder, Parks, Gärten. [SONSTIGES] Relativ unempfindlich gegenüber Störungen. Häufigste Grasmücke. Zugvogel mit leichter Tendenz zu Überwinterungsversuchen. Von April bis September/Oktober bei uns.

*Mönchsgrasmücke*

die Fülle der Modulationen fehlt. Nach einem kurzen Schweigen im Walde setzen nacheinander zwei Gesänge ein: leises Zwitschern und ein laut, klar und harmonisch geflötetes Liedchen. Beim Blick nach oben entdecken wir nur einen Vogel als Urheber. Er ist schlank und unauffällig grau gefiedert. An der schwarzen Kappe erkennen wir die **MÖNCHSGRASMÜCKE**. Ihr Gesang besteht aus zwei Teilen: Auf den unauffällig schwätzenden Vorgesang folgt der volltönend vorgetragene Hauptteil, der »Überschlag«. Wird der Vogel laut, zittert er am ganzen Körper und sträubt seine Kehlfedern. In den Bezeichnungen »Mönch« und »Schwarzkopf« ist die Kopffärbung des Männchens angesprochen, das Wort Grasmücke leitet sich von Gras und einem alten Wort für »schlüpfen« ab, was wohl auf die Lebensweise deuten sollte, aber bei diesem Baumvogel doch nicht recht zutrifft. Etwas genauer ist da die niederdeutsche Bezeichnung »Heckenkrüper«.

Ganz zum Grasweg wollen wir nicht und biegen deshalb nach rechts ab. Die Buchen haben ihr Laub noch nicht voll entfaltet, sodass die Buschwindröschen am Boden genug Licht bekommen. Holunder und Buchen-Jungwuchs bilden lichtes Unterholz, durchsetzt mit Farnen und Brennnesseln. Eine Ringeltaube gurrt ausdauernd und fliegt dann mit lautem Flügelklatschen ab, vielleicht zu ihrem unordentlich aus Reisig gefügten Baumnest. Was wir nun in den Buchen hören, klingt fast wie eine Nähmaschine. Wir müssen genau hinsehen, um in einiger Entfernung ein kleines unscheinbares Vögelchen zu entdecken. Es fliegt geschäftig von einem Zweig zum andern und lässt dabei seinen schwirrenden Gesang hören: der **WALDLAUBSÄNGER**, auch Waldschwirrvogel genannt. Gelegentlich flötet er seine melancholisch leiser werdenden Locktöne »düh-düh-düh-düh«. Der eher menschenscheue Waldvogel hat inzwischen in manchen Parks eine neue Heimat gefunden. Allerdings ist hier seine Brut durch freilaufende

*Waldlaubsänger*

Hunde und streunende Katzen gefährdet, da er sein Nest am Boden oder bodennah baut. Seinen Laubsänger-Verwandten Zilpzalp und Fitis, die ebenfalls im Stadtpark anzutreffen sind, geht es ähnlich.

Allmählich nähern wir uns unserem Ausgangspunkt. Ein Grünfink singt uns zum Abschied seine kanarienvogelartigen Triller. Ein anderer Finkenvogel, ein Kernbeißer, ruft ein scharfes »zicks« dazwischen. Wir brauchen das Fernglas, um den bunten Vogel weit oben in einer Baumkrone zu entdecken. Mit dem beeindruckend dicken Schnabel kann er sogar Kirschkerne knacken. Doch wir entdecken noch etwas anderes oben im Baum: den riesigen Horst eines Greifvogels. Mit »Horst« wird ein besonders großes Nest bezeichnet. Im nächsten Moment ruft der Greif auch schon laut und scharf »kja-kja-kja-kja«. Es ist ein **HABICHT**. Der eher scheue Waldvogel scheint sich in Hamburg ganz gut an den Menschen

*Habicht*

**WALDLAUBSÄNGER** (Phylloscopus sibilatrix) [**KENNZEICHEN**] Länge 11–12,5 Zentimeter; Oberseite gelblich grün, Kehle und Brust gelb, Bauch weiß. [**STIMME**] Schwirrstrophe aus kurzen, beschleunigt vorgetragenen Elementen gleicher Tonhöhe und abschließendem Triller; Serien leiser werdender Locktöne »düh-düh-düh-düh«. [**LEBENSRAUM**] Laubwälder mit wenig Unterholz, bevorzugt Buchenwälder, Parks und große Gärten. [**SONSTIGES**] Seltenste Laubsängerart, weil relativ stark an Buchenwaldungen gebunden. Zugvogel, von April bis August/September bei uns.

gewöhnt zu haben. Ein Grund für diese Verstädterung ist sicher das reiche Angebot an Tauben und anderen Beutetieren. Jetzt im April ist die Brutzeit des Habichts. Deshalb wird er später bestimmt kein Problem damit haben, seinen Nachwuchs mit ausreichend Futter zu versorgen. Auch der Sperber brütet im Stadtpark. Er ist die »verkleinerte Ausgabe« des Habichts. Auf dem Speisezettel dieses flinken Jägers stehen fast ausschließlich Kleinvögel wie Buchfinken, Haussperlinge oder Rotkehlchen.

**HABICHT** (Accipiter gentilis) [KENNZEICHEN] Das Weibchen ist mit seiner Länge von bis zu 64 Zentimeter größer als das bis zu 56 Zentimeter lange Männchen. Auffallend bei diesem relativ langschwänzigen Greifvogel ist seine fein in Grau gebänderte weißliche Unterseite. [STIMME] Vor allem während der Brutzeit ist ein lautes und scharfes »kja-kja-kja-kja« zu hören. [LEBENSRAUM] Wälder, aber auch zunehmend Parks und Friedhöfe von Siedlungen. [SONSTIGES] Der Bestand des Habichts in Hamburg hat in den letzten Jahren zugenommen. So gab es 1980 elf Brutpaare. 2012 brüteten in Hamburg bereits sechzig Paare.

## HIER VORKOMMENDE BRUTVÖGEL

*Amsel, Bachstelze, Blässhuhn, Blaumeise, Buchfink, Buntspecht, Eichelhäher, Elster, Fitis, Gartenbaumläufer, Gartengrasmücke, Gartenrotschwanz, Gelbspötter, Gimpel, Grauschnäpper, Grünfink, Habicht, Haubenmeise, Haubentaucher, Haussperling, Heckenbraunelle, Kernbeißer, Klappergrasmücke, Kleiber, Kohlmeise, Mauersegler, Mäusebussard, Misteldrossel, Mönchsgrasmücke, Rabenkrähe, Reiherente, Ringeltaube, Rotkehlchen, Schwanzmeise, Singdrossel, Sommergoldhähnchen, Sperber, Star, Straßentaube, Stockente, Sumpfmeise, Tannenmeise, Teichhuhn, Türkentaube, Waldlaubsänger, Wintergoldhähnchen, Zaunkönig, Zilpzalp.*

## TIPPS

*→ Alljährlich von April bis Juni veranstaltet der NABU vogelkundliche Kurzwanderungen im Stadtpark. Information: www.hamburg.nabu.de, Telefon (040) 697 089 0. → Interessante Informationen über den Stadtpark bietet der Stadtparkverein Hamburg e.V. (www.stadtparkverein.de, Telefon (040) 513 283 91). Er veranstaltet auch verschiedene Rundgänge (z.B. Gehölzführung und Kräuterwanderung). → Zu empfehlen ist auch ein Besuch im Planetarium, www.planetarium-hamburg.de, Telefon (040) 428 865 210. Öffnungszeiten: Montag, Dienstag: 9 bis 17 Uhr, Mittwoch, Donnerstag: 9 bis 21 Uhr, Freitag: 9 bis 22 Uhr, Samstag: 12 bis 22 Uhr, Sonntag: 10 bis 20 Uhr. Die Aussichtsplattform in 45 Metern Höhe bietet einen schönen Blick auf den Stadtpark.*

## EIGENE BEOBACHTUNGEN

## KULTURFOLGER MIT SCHLECHTEM IMAGE – DIE STRASSENTAUBE

Zu den Straßentauben haben wir Städter ein ambivalentes Verhältnis. Einerseits verwöhnen wir sie mit Currywurstresten, Keksen und Pizzastückchen, andererseits bekämpfen wir sie als »Bazillenbomber« und verfluchen ihre ätzende Hinterlassenschaft. Weiße Stadttauben, wie man sie etwa im südspanischen Sevilla sehen kann, genießen als Friedenssymbol unsere Hochachtung. Die graublauen oder schmuddelig-schwarzen Straßentauben hingegen werden verächtlich als »Ratten der Lüfte« bezeichnet.

Straßentauben sind verwilderte Haustauben, die wiederum aus der graublauen Felsentaube herausgezüchtet wurden. Manche Forscher halten sie auch für direkte Abkömmlinge der Felsentaube. Innerhalb von nur 7000 Jahren hat sich die Straßentaube zu einem besonders erfolgreichen Kulturfolger entwickelt. Schon die alten Ägypter kannten sie als Nachbarn. Heute leben weltweit schätzungsweise über 500 Millionen Tauben in größeren Siedlungen und Städten. Statt wie ihre scheuen Vorfahren in Felsnischen zu brüten, haben sich die Kosmopoliten Häuser, Brücken oder Bahnhöfe als Unterkunft und Kinderstube auserkoren. Wer sich die Straßentauben einmal genau ansieht, wird feststellen, dass sie unterschiedlich gefärbt sind. Da gibt es blaue, schwarze, gemischtfarbene und vereinzelt sogar rotbraune und weiße Tauben. Obwohl dieser Vogel nun schon seit langer Zeit mit dem Menschen zusammenlebt und als Haustaube zu mannigfachen Rassen gezüchtet wurde, hat er doch noch etwas von seiner Ursprünglichkeit bewahrt. Das zeigt sich unter anderem darin, dass sich der graublaue Farbtypus der Felsentaube bei den Straßentauben immer wieder durchsetzt. Er scheint robuster zu sein als die verschiedenen anderen Farbschläge.

Ursprünglich war die Straßentaube ein Körnerfresser. Im Laufe der Zeit hat sie ihren Speisezettel aber erheblich erweitert. Stürzte sie sich früher gern auf die aus den Futterbeuteln der Pferde fallenden Haferkörner, so profitiert sie heute von der zunehmenden Nahrungsaufnahme im öffentlichen Raum und frisst Kartoffelchips oder Pausenbrote. Allerorten sorgen »Taubenmütter« für das leibliche Wohl der gefiederten Großstädter. Die Stadt München hat ihrem »Taubenmutterl« sogar ein Denkmal gesetzt, und in Venedig ist das Taubenfüttern auf dem Markusplatz eine Touristenattraktion. Ein Besuch der Lagunenstadt ohne ein Foto von Schwärmen nimmersatter Straßentauben? Undenkbar!

Unangenehme Folgen wie Verschmutzung, Geruchsbelästigung oder Übertragung von Krankheiten werden aber mitunter auch übertrieben dargestellt. Das Negativ-Image der Straßentaube basiert auf vielen Vorurteilen. Und die Schädigung von Gebäuden und Denkmälern kann man nicht den Tauben allein anlasten – eine entscheidende Rolle spielen dabei auch Industrie- und Autoabgase. Wer lautstark eine Verminderung der Taubenbestände fordert, sollte nicht vergessen, wer letztlich für die große Zahl der Vögel und die daraus resultierenden Beeinträchtigungen verantwortlich ist: wir selbst. Oft wird voreilig von einer Taubenplage gesprochen. Man zieht dann zur Begründung überhöhte, wissenschaftlich nicht haltbare Bestandszahlen heran. So kam eine subjektive Schätzung für Hamburg auf 100 000 Tiere. Die flächendeckende Bestandserfassung der Straßentauben durch Vogelkundler im Arbeitskreis an der Staatlichen Vogelschutzwarte im Jahre 2012 ergab jedoch eine realistischere Zahl: 10 000 Brutpaare. In der Hoffnung, die Bestände zu reduzieren – manch einer möchte die Straßentauben am liebsten ganz ausrotten – rückt man den Vögeln mit Giften zuleibe, fängt sie weg oder macht ihnen das Leben mit Netzen oder Spikes schwer. Da das »Taubenproblem« bisher nur unzureichend untersucht wurde, führten die zu seiner Bekämpfung angewendeten, oft sehr kostspieligen Methoden selten zum erhofften Erfolg. Einmal ganz davon abgesehen, dass sie nicht mit den Tierschutzgesetzen zu vereinbaren waren, weil sie den Vögeln einen qualvollen Tod bereiteten. Um die »Taubenplage« einzugrenzen, sollte man den Wanderfalken wieder ansiedeln, dem bis in die jüngste Zeit nachgestellt wurde, beispielsweise um Brieftauben zu schützen. Der Habicht – auch er ein Taubenliebhaber – ist in manchen Städten schon wieder häufiger zu sehen. Eine weitere Idee zur Begrenzung der Bestände ist die Einrichtung von Taubenhäusern, wie sie der Schweizer Taubenforscher Daniel Haag vorschlägt. Hier könnten die Vögel wie in Taubenschlägen gehalten und in ihrer Anzahl kontrolliert werden. Die beste Möglichkeit, die Zahl der Straßentauben zu reduzieren, wäre natürlich, nicht mehr so viel zu füttern.

Massiveres Vorgehen gegen die Straßentauben ist schließlich auch deshalb nicht notwendig, weil sich ihr Bestand weitgehend von selbst reguliert. Aufgrund des reichhaltigen Nahrungsangebots und der höheren Temperatur in der Stadt brüten sie vielfach das ganze Jahr über – also auch im Winter! Ideale Brutplätze an zugfreien und trockenen Süd- und Ostseiten der Häuser sind jedoch nicht unbegrenzt im Angebot und werden außerdem im Zuge von Altbausanierungen seltener. Die Tauben müssen deshalb mit drittklassigen Quartieren vorliebnehmen. Aber selbst um diese entbrennen immer wieder heftige Kämpfe. So erhöht sich der Stress, dem besonders Jungvögel zum Opfer fallen. Sie werden nur mangelhaft betreut oder verlassen das Nest zu früh, sterben an Unterkühlung oder werden von Taubenzecken regelrecht leergesaugt. Seien wir also der Straßentaube nicht gram, sondern freuen wir uns über sie wie Picasso, der eine seiner Töchter Paloma taufte – das spanische Wort für Taube.

*Felsentaube*

WOERMANNSWEG
JUSTUS-STRANDES-WEG
M HASENBERGE
OHLSDORF
THENAUSTR.
DORFER STRASSE
SOMMERKAMP
NATURLEHRPFAD
RÜBENKAMP
ILANDKOPPEL
FEUERBERGSTR.
ER-WEG
EDWIN-SCHARFF-RING
FRITZ-FLINTE-RING
GROPIUSRING
KERBELWEG
SCHMUCKSHÖHE
EICHENLOHWEG
GRÜNDGENSSTRASSE
LANGENBECKSHÖH
BUEKWEG
BEISSERSTRASSE
SCHRE

# OHLSDORFER FRIEDHOF

»Die Freude und Sehnsucht nach der Natur berechtigen besonders die Großstädter, Friedhöfe so weit wie nur möglich mit Baumwerk auszugestalten. Eine Wanderung still unter Bäumen, ein stilles Bankplätzchen unter Bäumen, das ist allgemein der Wunsch.« Von diesen Gedanken hatte sich der Friedhofsarchitekt und -direktor Johann Wilhelm Cordes leiten lassen, als er den größten Parkfriedhof der Welt anlegte, der auf der Pariser Weltausstellung 1900 mit einem »Grand prix« ausgezeichnet wurde. Mit 391 Hektar und einem ausgedehnten Wegenetz ist der 1877 eröffnete Ohlsdorfer Friedhof auch Hamburgs größte Grünanlage. Er ist umgeben von den Stadtteilen Ohlsdorf, Klein Borstel, Wellingsbüttel, Bramfeld und Steilshoop. Der kunstvoll als Park gestaltete Friedhof ist nicht nur ein Ort für Trauer und Gedenken, sondern die Stadtbewohner finden hier auch Ruhe und Besinnlichkeit als Gegengewicht zum pulsierenden Großstadtleben.

## DER FRIEDHOF LEBT

Wo Hunderttausende ihre letzte Ruhestätte fanden, geht es äußerst lebendig zu. Hier springt ein Eichhörnchen flink durchs Geäst, dort watschelt eine Grauganspfamilie im Gänsemarsch zwischen den Grabstellen um-

*Neun Eingänge, davon fünf nur für Fußgänger. Haupteingang Fuhlsbüttler Straße: U-Bahn (U1) und S-Bahn (S1, S11) bis Ohlsdorf; Buslinien 39, 172, 179 bis Ohlsdorf. Parkmöglichkeiten auf dem Friedhofsgelände.*

*Buntspecht*

her, und über einer ungemähten Blumenwiese gaukeln Schmetterlinge im Sonnenschein. Hecken, Knicks, Wiesen, Wasserflächen und ein wertvoller, über hundertjähriger Baumbestand sorgen für eine abwechslungsreiche Parkarchitektur. Die Vielfalt der Flechten, die an den Bäumen siedeln, zeigt an, dass die Luft nicht so verschmutzt ist wie in anderen Stadtbereichen. Das Friedhofsgelände ist zwar mit insgesamt 17 Kilometern Fahrstraßen ausgestattet, aber für Durchgangsverkehr gesperrt, und im Übrigen ist die Geschwindigkeit auf dreißig Stundenkilometer beschränkt. Der naturnah bewirtschaftete Landschaftspark ist Lebensraum für eine artenreiche Tierwelt. Die Vögel können unter 450 Laub- und Nadelgehölzen wählen.

Gut über fünfzig Vogelarten nisten hier, darunter sogar Seltenheiten wie Eisvogel, Baumfalke und Uhu. Zählt man Durchzügler und Wintergäste hinzu, kommt man auf fast einhundert Arten. Pirol und Nachtigall brüten hier allerdings schon lange nicht mehr. Für den Vogelfreund gibt es auf dem Ohlsdorfer Friedhof überall etwas zu sehen und zu hören. Folgt er den Informationstafeln des vor einigen Jahren angelegten

**BUNTSPECHT** (Dendrocopos major) [KENNZEICHEN] Länge 23–26 Zentimeter; schwarze Kopfplatte, schwarzer Rücken mit ovalen weißen Schulterflecken, rote Unterschwanzdecken, Männchen mit rotem Nackenfleck. [STIMME] Einzeln oder in dichter Folge laut und hart hervorgebrachtes »kick«, auch schnelles scheltendes »tschrett tschrett tschrett ...«. Außerdem schlägt der Buntspecht mit dem Schnabel schnelle, abrupt endende Wirbel auf Stämmen und Ästen. [LEBENSRAUM] Wälder, kleinere Gehölze, Parks und Gärten mit altem Baumbestand. [SONSTIGES] Jahresvogel. Häufigste Spechtart in der Stadt, auch in dicht bebauten Wohngebieten zu beobachten. Trommelt gelegentlich an Antennen, Regenfallrohren, Blechdächern und anderen künstlichen Resonanzkörpern.

Naturlehrpfads gleich in der Nähe des Haupteingangs, kann er etwa erfahren, was der Buchfink im Winter frisst, und sich gleichzeitig am Lied des fleißigen Sängers erfreuen.

An einem Spätnachmittag Ende April lassen wir die Fuhlsbüttler Straße mit ihrem Feierabendverkehr hinter uns und machen uns durch den Haupteingang auf den Weg in die Weiträumigkeit des Friedhofs. Aus dem Wipfel eines alten Baums grüßt uns sogleich eine Misteldrossel mit wohltönendem Gesang. Wir halten uns rechts, überqueren die Cordesallee und erreichen nach wenigen Schritten den Südteich. Hier beginnt der anderthalb Kilometer lange Naturlehrpfad. 29 Tafeln bieten interessante Informationen über die Tier- und Pflanzenwelt auf dem Friedhofsareal. Die zweite erzählt von den Graugänsen, die gern auf der Insel des kleinen Teiches brüten, um dort später, gut geschützt, ihre Jungen aufzuziehen. Wir gehen über die kleine Brücke mit dem schönen schmiedeeisernen Geländer und kommen am Rosengarten mit seinen fünfzig Rosensorten vorbei. Nicht weit vor uns trommelt unüberhörbar ein **BUNTSPECHT**. Wir halten Ausschau und entdecken ihn am Stamm einer alten Buche, die zu einer Buchengruppe gehört. Jedes Jahr zimmert sich der Buntspecht eine neue Bruthöhle. Mit sicherem Gespür erkennt er morsche und kernfaule Bäume, in die er seine Nisthöhle hineinmeißeln kann. Verlassene Spechthöhlen bleiben nicht lange leer. Sie werden gern von Staren und anderen Vögeln, aber auch von Fledermäusen und Siebenschläfern als Wohnung genutzt. Bäume versorgen den Buntspecht auch mit Nahrung. Mit seinem kräftigen Schnabel hackt er Borke und Holz auf, um an Insekten und ihre Larven heranzukommen. Seine lange klebrige Zunge hat an der Spitze kleine Widerhaken. Er kann sie in Baumlöcher stecken und seine Beute wie mit einer Harpune aufspießen.

Bei unserer weiteren Entdeckungstour über den Friedhof verlassen wir uns auf die ins Auge fallenden Steine mit den weißen Richtungspfeilen. In einer hochgewachsenen Blutbuche hängt ein oben geschlossener Wei-

*Waldkauz*

denkorb mit seitlicher Öffnung: eine Nisthilfe für Waldohreule und **WALDKAUZ**, wie auf der Informationstafel zu lesen ist. Ob eine Waldohreule ihn nutzen wird, ist allerdings fraglich, denn diese Vögel brüten auf dem Friedhof schon lange nicht mehr, sondern besuchen ihn nur im Winter, weil sie hier geschützte Schlafplätze finden. Außerdem ist es wenig wahrscheinlich, dass ihnen ein Brutplatz in unmittelbarer Nähe des Fußwegs zusagt. Ein Waldkauz jedoch könnte sich durchaus hier einnisten. Waldkäuze scheuen die Stadt nicht. In Hamburg sind sie mit rund neunzig Brutpaaren die häufigste Eulenart. Ihr dunkles Rufen, eine Bereicherung für jeden Gruselfilm, erklingt in städtischer Umgebung oft schon im Februar und nicht erst im März, wie es eigentlich üblich ist. Dies erklärt sich vermutlich durch das höhere Temperaturniveau in der Stadt. Tagsüber wird man den Waldkauz kaum zu Gesicht bekommen, denn zumeist verharrt er regungslos auf einem Ruheplatz und ist mit seinem rindenartig gemusterten Gefieder gut getarnt. Wenn kleinere Vögel ihn dennoch entdecken, geraten sie in helle Aufregung und versuchen, ihn durch »Anhassen« zu vertreiben. Nachts jagt der Waldkauz Mäuse. Seine Flügelfedern sorgen dabei für fast absolute Laut-

**WALDKAUZ** (Strix aluco) [KENNZEICHEN] Länge 37–43 Zentimeter; Gefieder von grau bis braun, dunkel gefleckt, senkrecht gestreifte Brust; rundlicher Kopf mit großen dunklen Augen, keine Federohren. [STIMME] Gesang des Männchens ein unheimlich anmutendes »huhuh« mit anschließendem tremolierten »u-u-u«. Ruf des Weibchens ein gellendes »ku-wit«. [LEBENSRAUM] Wälder sowie Parks, Gärten und Alleen mit altem Baumstand. [SONSTIGES] Jahresvogel, häufigste Eulenart in der Stadt. Brütet außer in Baumhöhlen und verlassenen Krähennestern auch in Gebäuden wie Kirchtürmen oder alten Fabrikbauten.

losigkeit. Pech für die Mäuse, deren leises Rascheln er noch auf 25 Meter Entfernung hören kann.

Unüberhörbar ertönt jetzt die markante »Lachstrophe« eines Grünspechts. Im Unterschied zum Buntspecht ist für ihn das Trommeln nicht so wichtig. Er lacht einfach, um sein Revier zu markieren und sich mit seiner Partnerin zu verständigen. Schade, dass wir den Grünspecht nicht ausmachen können. Dafür fällt uns am Stamm einer Eiche eine huschende Bewegung auf. Ein Vögelchen in unscheinbarem Graubraun scheint an der Rinde zu kleben, springt dann etwas weiter nach oben, und zwar leicht schräg versetzt, um wieder kurz zu verharren. So bewegt es sich in einer Schraubenlinie ein Stück am Stamm nach oben. Dann geht es im Abwärtsflug zum nächsten Baum, wo das Spiel von Neuem beginnt. Der **GARTENBAUMLÄUFER** huscht aber nicht »just for fun« baumaufwärts. Er sucht vielmehr die zerklüftete Rinde nach Insekten und Spinnen ab, die er mit seinem leicht gebogenen dünnen Schnabel aus den Ritzen holt. Gelegentlich lässt er seinen kurzen hellen Ruf hören. Seinen Gesang enthält er uns vor. Ihn wahrzunehmen würde es aber auch gute Ohren brauchen, denn er erklingt nur zart und leise. Um kalte Winternächte besser zu überstehen, sucht der kleine Vogel gern die Gesellschaft von Artgenossen. Enger Körperkontakt verringert die Auskühlung – eine

*Gartenbaumläufer*

**GARTENBAUMLÄUFER** (Certhia brachydactyla) [KENNZEICHEN] Länge 12–13,5 Zentimeter; Gefieder überwiegend braun, Brust und Bauch fast weiß, Flanken bräunlich; relativ langer, dünner, leicht gebogener Schnabel. [STIMME] Durchdringendes »ti-tüüt«, gelegentlich »srri«; Gesang ein kurzes zartes Liedchen, etwa »tit tit titeroitit«. [LEBENSRAUM] Lichte Laubwälder, Feldgehölze, Gärten, Parks, baumbestandene Straßen. [SONSTIGES] Jahresvogel. Brütet – anders als die Zwillingsart, der Waldbaumläufer – auch in innerstädtischen Bereichen.

Überlebensstrategie, wie sie etwa auch von Zaunkönigen, Schwanzmeisen und Fledermäusen bekannt ist. In einigen Jahren wird auf dem Ohlsdorfer Friedhof vielleicht auch der Waldbaumläufer, die Zwillingsart des Gartenbaumläufers, zu beobachten sein. Neuerdings gibt es nämlich Hinweise, dass er vom Stadtrand her allmählich in städtische Grünanlagen einwandert, in diesem Fall wohl dem Alsterlauf folgend.

Die Oberstraße ist nun überquert, und der Weg führt um Kapelle 4 herum. Ein Lehrpfadschild weist auf die Eberesche hin und erzählt auch, dass die bei zahlreichen Vogelarten beliebten Vogelbeeren in früheren Zeiten tückischerweise als Köder bei der Vogelstellerei verwendet wurden. An einer weiteren Station geht es um ein »Insektenhotel«. Es besteht aus den verschiedensten Materialien. Dort finden unterschiedliche Bienen- und Wespenarten Unterschlupf und Schutz vor Kälte und Nässe.

*Kleiber*

Nun gelangen wir an die Bergstraße. »Tuit tuit tuit tuit« tönt es laut von den Bäumen links herüber. Typisch **KLEIBER**. Wir bekommen ihn auch zu sehen. Kopfüber klettert er den Stamm einer Linde hinunter. Mit diesem Kunststück steht er in der hiesigen Vogelwelt allein da. Er kann es natürlich auch umgekehrt. Seinen Namen verdankt der elegant-graublaue Vogel der Tech-

**KLEIBER** (Sitta europaea) [**KENNZEICHEN**] Länge 12–14,5 Zentimeter; Oberseite blaugrau, Unterseite rahmfarben, schwarzer Augenstreif, Flanken des Männchens nach hinten zu rötlich-braun; langer, spitzer Schnabel. [**STIMME**] Reichhaltiges Repertoire verschiedener lauter Rufe und Gesänge; typisch ist das in der Gesangsperiode oft zu hörende »tuit tuit tuit tuit«. [**LEBENSRAUM**] Wälder, Parks und Gärten mit altem Baumbestand. [**SONSTIGES**] Jahresvogel, streift außerhalb der Brutzeit bis in begrünte Innenstadtbereiche. Im Winter hin und wieder an Futterstellen zu sehen.

Uhu

nik, die Eingänge der von ihm übernommenen Nisthöhlen anderer Vögel auf das ihm genehme Maß zu verkleinern, indem er um den Rand herum eine Mischung von Lehm und Speichel klebt. Gelegentlich kann man die Kletterkünstler an Bäumen klopfen hören, doch viel leiser als das Trommeln eines Spechts. Dann holen sie sich wohl Insekten aus Rindenspalten oder unter der Rinde hervor. Im Herbst klemmen sie Haselnüsse, Eicheln und Bucheckern an geeigneter Stelle ein und hacken sie auf. Auch Meisen und Zaunkönige wissen hin und wieder Baumstämme als Nahrungsquelle zu schätzen, ohne dass sie so weitgehend spezialisiert wären wie Spechte, Baumläufer und Kleiber.

Wir wollen schon wieder zum Haupteingang des Friedhofs zurückwandern, da ertönt aus einer knorrigen Eiche ein wohlklingendes »uu-hu«. Ein **UHU** ruft, die größte Eulenart der Welt. Dort oben auf dem Ast sitzt der imposante Vogel und schaut uns an. Er ist sehr aufmerksam. Das erkennen wir an seinen beiden steil aufgerichteten Federohren. Schon seit einigen Jahren brütet der Uhu auf dem Ohlsdorfer Friedhof. Im Jahre 2005

**UHU** (Bubo bubo) [KENNZEICHEN] Der Uhu hat einen massigen Körper, einen großen Kopf, auffallende Federohren und große orangerote Augen. Das Weibchen ist mit seiner Länge von bis zu 67 Zentimetern größer als das bis zu 61 Zentimeter lange Männchen. [STIMME] Der kennzeichnende Ruf dieser großen Eule, ein zweisilbiges dumpfes »uu-hu«, ist bis zu vier Kilometer weit zu hören. [LEBENSRAUM] Felsiges Gelände, Wälder, Küsten mit Steilufern, größere naturnahe Parks und Friedhöfe. [SONSTIGES] Der Uhu brütet im Siedlungsraum manchmal auf Gebäuden wie Kirchen, Fabriken und Kraftwerken. In Hamburg hat der Bestand in den letzten Jahren zugenommen: 2001 wurden zwei Brutpaare gezählt, 2012 gab es zehn Brutpaare. 2016 brütete der Uhu auch im Duvenstedter Brook.

konnten Besucher ein brütendes Exemplar sogar ganz aus der Nähe beobachten. Es saß in der Schale eines größeren Grabmals, nur etwa zwanzig Meter vom nächsten Weg entfernt. Später schlüpften dann drei Uhus, die sich noch längere Zeit, nebeneinander auf dem Grabmal sitzend, von ihren Eltern füttern ließen. Und zu fressen gibt es auf dem Friedhof ja genug: Tauben und andere Vögel, aber auch verschiedene Säugetiere wie etwa Mäuse, Igel und Kaninchen.

### HIER VORKOMMENDE BRUTVÖGEL

*Amsel, Bachstelze, Baumfalke, Blässhuhn, Blaumeise, Buchfink, Buntspecht, Eichelhäher, Eisvogel, Elster, Fitis, Gartenbaumläufer, Gartenrotschwanz, Gimpel, Graugans, Grauschnäpper, Grünfink, Grünspecht, Habicht, Haubenmeise, Heckenbraunelle, Kernbeißer, Klappergrasmücke, Kleiber, Kohlmeise, Mäusebussard, Misteldrossel, Mönchsgrasmücke, Rabenkrähe, Reiherente, Ringeltaube, Rotkehlchen, Schwanzmeise, Singdrossel, Sommergoldhähnchen, Sperber, Star, Stieglitz, Stockente, Sumpfmeise, Tannenmeise, Teichhuhn, Trauerschnäpper, Uhu, Waldkauz, Wintergoldhähnchen, Zaunkönig, Zilpzalp.*

### TIPPS

*➔ Von April bis Juni veranstaltet der NABU vogelkundliche Spaziergänge auf dem Ohlsdorfer Friedhof. Einzelheiten sind unter www.hamburg.nabu.de oder der Telefonnummer (040) 697 089 0 zu erfragen. ➔ Öffnungszeiten des Friedhofs: April bis Oktober 8 bis 21 Uhr, November bis März: 8 bis 18 Uhr täglich. ➔ Informationshaus beim Haupteingang: täglich (außer Mittwoch) 8 bis 16 Uhr; kostenloses Informationsmaterial (z.B. ein Friedhofsplan). ➔ Museum: montags, donnerstags und sonntags 10 bis 14 Uhr und nach Vereinbarung; Eintritt frei. ➔ Auf dem Friedhof verkehren die Buslinien 170 und 270. ➔ Der Förderkreis Ohlsdorfer Friedhof e.V. (www.fof-ohlsdorf.de, Telefon (040) 500 533 87) veranstaltet geführte Rundgänge zu verschiedensten Themen. ➔ Hunde sind auf dem Ohlsdorfer Friedhof nicht zugelassen.*

### EIGENE BEOBACHTUNGEN

## AUS DEM WALD IN DIE STADT – DIE AMSEL

Ein schwarzer Vogel hüpft auf dem feuchten Boden des Laubwaldes. Im schattigen Unterholz ist er nur schwer auszumachen. Er hat gute Augen und findet mit Leichtigkeit Würmer, Insekten und kleine Schnecken. Die Amsel, auch Schwarzdrossel genannt, fühlt sich hier in der Einsamkeit zu Hause. Szenenwechsel: Leuchtschrift an einer Kaufhausfassade. Hat da nicht, scheinbar unbeirrt vom Verkehrslärm, ein ähnlich aussehender Vogel in der Öffnung des Buchstabens »O« sein Nest eingerichtet und brütet? Er ist dunkelbraun: ein Amselweibchen. Doch was hat der scheue Waldvogel in der hektischen Stadt zu suchen?

Noch um 1900 lebte die Amsel fast ausschließlich in der Abgeschiedenheit größerer Wälder. Von Süden kommend, weitete sie dann mit der Klimaerwärmung ihren Lebensraum nach Norden aus und besiedelte sukzessive die Städte. Hier fand sie ein reichhaltiges Nahrungsangebot und vielfältige Nistmöglichkeiten. Die Meldungen über erste Brutpaare machen die Richtung der Ausbreitung deutlich: 1830 Augsburg, 1850 Stuttgart und 1880 Göttingen. Zuerst zog die Amsel in die Gärten, später wurde sie auch in Wohngebieten und sogar in Stadtzentren heimisch. Heute ist sie mit Abstand der häufigste Vogel im urbanen Siedlungsbereich. In Hamburg brüten etwa 68 000 Amselpaare.

Eine wichtige Voraussetzung für den Einzug der Amsel in die Städte ergab sich im 19. Jahrhundert mit der allmählichen Einstellung der Jagd auf diesen damals kulinarisch geschätzten Drosselvogel. Mit der Gewöhnung an das Biotop Stadt verlor er einen großen Teil seiner Scheu vor dem Menschen. Die Fluchtdistanz der Waldamseln ist beispielsweise im Hamburger Umland acht- bis zehnmal so groß wie die der Stadtamseln. In manchen Gebieten Südeuropas, wo man noch heute den Schwarzdrosseln erbarmungslos nachstellt, um sie zu verspeisen, fehlen sie in allen Städten.

Die Amsel ist sehr anpassungsfähig. Deshalb ist sie bei der Wahl ihrer Nistplätze äußerst flexibel. Als ehemaliger Waldvogel brütet sie natürlich am liebsten in kleinen Sträuchern oder Bäumen. Sie hat aber auch nichts dagegen, ihren Nachwuchs im dichten Efeu an einer Hauswand, im Blumenkasten auf dem Balkon einer Etagenwohnung oder in einem verrosteten Eimer zu füttern. Eine besonders findige Amsel in Hamburg etwa zog ihre Jungen in einem verschlossenen Gartenhäuschen auf. Der Vogel flog durch ein Ofenrohr ein und aus.

Manchmal sind die Nester an relativ ungeschützten Stellen zu finden, sodass Gelegenheits-Nesträuber wie Katzen oder Elstern leichtes Spiel haben. Solche Verluste gefährden jedoch nicht den Bestand, denn die Brutperiode der Stadtamsel ist aufgrund der Zusatzbeleuchtung und der höheren Temperaturen in den Städten deutlich länger als bei der Waldamsel. Sie kann drei- bis viermal im Jahr Junge großziehen. Auch die kalte Jahreszeit verbringt der ehemalige Zugvogel in der gut beheizten Stadt. Manche Amseln versuchen gar, im Winter zu brüten.

Als verstädterter Waldvogel ist die Amsel natürlich auch in ihrem neuen Lebensraum auf Vegetation angewiesen, die ihr Deckung, Nistplatz und Nahrung bietet. Am liebsten sind ihr Gärten. In Hamburg hat man in einem zehn Hektar großen Gebiet eines Gartenstadtbezirks dreiundzwanzig Reviere gezählt. Da die Amsel aber sehr anpassungsfähig ist, kann man sie auch in kleinen Grünanlagen zwischen öden Mietskasernen bei der Suche nach Regenwürmern beobachten. Hier finden sich in der Hansestadt immerhin noch zwölf Reviere auf zehn Hektar.

*Amsel*

Amseln können uns ganz schön hinters Licht führen. Ein Vogelkundler erzählte einmal die folgende amüsante Begebenheit: Ein Vater pflegte seine im Garten spielenden Kinder herbeizupfeifen, wenn er etwas von ihnen wollte. Eines Tages folgten die Kinder dem Signal allerdings vergeblich – eine Amsel hatte den Pfiff perfekt imitiert. Manchmal bauen Amseln auch Rufe von Grünfinken oder Meisen in ihren Gesang ein. Bei Stadtamseln soll man sogar schon Laute vernommen haben, die an Verkehrslärm erinnern.

Die Amsel ist zwar ein Allerweltsvogel und als Kirschendieb nicht gut gelitten, doch ihr melodiöser Gesang klingt so bezaubernd, dass wir ihr diese Eigenschaft leicht verzeihen können. Ihr Ruf beginnt mit tiefen Flötentönen und endet mit leiseren geräuschhaften Elementen. Jedes Männchen hat sein individuelles Repertoire. Es kann aus bis zu hundert verschiedenen Strophen bestehen. Einige Stadtamseln fangen bereits im Dezember an zu singen. Das Kunstlicht verführt manche auch zu nächtlichem Gesang. Wenn die Amsel in der Dämmerung auf dem Dach eines Wohnhauses ihre Serenaden zum Besten gibt, vergessen wir den Lärm des Feierabendverkehrs und fühlen uns in die ursprüngliche Heimat des schwarzen Vogels versetzt: in die Stille des Waldes.

MÜSSENREDDER
HÖGENREDDER
TEGELSBARG
HÖGENBARG
GLASHÜTTER LANDSTRASSE
MÜSSENKOPPEL
POPPENB.
POPPENB
LANDSTR.
GOLDRÖSCHENWEG
POPPENBÜTTELER WEG
GEHLENGRABEN
REHAGEN
LADEMANNBOGEN
HAUPTSTRASSE
HUMMELSBÜTTELER WEG
AM HENSEL
HEUBLINK
ALTE LANDSTRASSE
IMMENREDDER
HUMMELSBÜTTLER
WELLINGSBÜTT. LANDSTRASSE
WELLINGSBÜT
ROLFINCKSTRASS
JOSTHÖHE
BARKENKOPPEL
OP DE SOLT
SANDERSKOPPEL
HOHENEICHEN
ECKERKAMP
SIRIUSWEG
KELTERSTRASSE
STÜBEHEIDE
KORNWEG (KLEIN BORSTEL)
SODENKAMP
BRAMFELDER CHAUSSEE
KLEINE HORST
GROSSE HORST
U
KLEIN BORSTEL

# ALSTERWANDERWEG

»An de Alster, an de Elbe, an de Bill ...« kann man wohl nicht unbedingt alles machen, was man will, wenn auch das Lied des Volkssängers Richard Germer das Gegenteil behauptet. Schon gar nicht am naturnahen Oberlauf der Alster, wo sich der Fluss durch Feuchtwiesen und Reste von Bruch- und Auwäldern schlängelt. Stadtwärts ist der Alsterlauf weitgehend begradigt und am Innenstadtrand schon seit dem Mittelalter aufgestaut. Vom Baumwall, wo die Alster in die Elbe mündet, bis zur Alsterquelle im Henstedter Moor führt der rund fünfzig Kilometer lange Alsterwanderweg. Ab Klein Borstel ist er besonders reizvoll, ob man nun zu Fuß oder per Rad unterwegs ist: mal unter Bäumen, mal an Wiesen und großen Gartengrundstücken vorbei, mal auf dem einen, mal auf dem anderen Ufer. Es gibt manches zu entdecken.

## EINWANDERUNGSWEG FÜR WALDVÖGEL

Auf der Oberalster werden schon seit dem 19. Jahrhundert keine Alsterschuten mit Holz, Torf und Segeberger Kalk mehr gestakt oder getreidelt. Für den heutigen Schiffsverkehr sorgen Freizeitkapitäne in Paddelbooten. Wie durch einen grünen Tunnel schippern sie geruhsam dahin, wo die Bäume ihre Zweige über den Fluss hängen. In der Eiszeit als Schmelzwasser-

*Der Alsterwanderweg führt die Alster entlang vom Baumwall bis zum Henstedter Moor. (Beschrieben wird hier die Strecke zwischen Klein Borstel und Poppenbüttel). Klein Borstel: U-Bahn (U1); Poppenbüttel: S-Bahn (S1, S11); verschiedene Buslinien. Parkplätze am U- und S-Bahnhof.*

fluss entstanden, schlängelt er sich durch eine von Gletschern modellierte Landschaft. Etwa ab 1900 wurde das Alstertal zunehmend mit Wohnhäusern bebaut. Der Flusslauf mit seinen abwechslungsreichen Uferbereichen blieb davon ausgenommen und entwickelte sich zu einem beliebten Naherholungsgebiet. Ein mehr oder weniger breiter Korridor mit zum Teil urwüchsiger Natur zieht sich von der nordöstlichen Stadtgrenze bis fast ins Stadtinnere. Seinem Verlauf folgend, wandern Waldvögel wie Buntspecht, Eichelhäher und Mönchsgrasmücke in städtische Regionen ein. Mehr als fünfzig Vogelarten brüten entlang des Alsterlaufs, darunter auch der prächtig blaue Eisvogel. Reste von Bruch- und Auwald begleiten den Fluss, immer wieder auch größere und kleinere Teiche. Auf den nassen Böden wachsen das Bittere Schaumkraut, die Sumpfmiere, die Sumpfschwertlilie und andere feuchtigkeitsliebende Pflanzen. Auch Erlen, Pappeln und Weiden wissen die Feuchtigkeit zu schätzen. In den Weidengebüschen kommen verschiedene Arten vor: Silber-, Grau-, Ohr-, Mandel- und Purpurweide.

*Reiherente*

**REIHERENTE** (Aythya fuligula) [KENNZEICHEN] Länge 40–47 Zentimeter; Männchen schwarz mit weißen Flanken; Schnabel graublau mit schwarzer Spitze, am Hinterkopf ein langer herabhängender Federschopf. Weibchen dunkelbraun mit helleren Flanken; Schnabel dunkelgrau mit schwarzer Spitze, Federschopf sehr kurz. [STIMME] Selten zu hören. Bei der Balz pfeift und trillert das Männchen leise. Das Weibchen antwortet mit einem kurzen »krök«. [LEBENSRAUM] Flache Seen und Teiche sowie Gräben, seltener Meeresküsten. [SONSTIGES] Ein Großteil der Hamburger Reiherenten überwintert. Die Vögel zeigen Tendenzen zur Verstädterung. So brüten sie in Innenstadtnähe auf künstlichen Wasserbecken in Planten un Blomen und auf dem Campusteich auf dem Universitätsgelände.

Von der U-Bahn-Station Klein Borstel aus ist es nicht weit zum Alsterwanderweg. Nur den Fußweg am Bahnkörper entlang – und schon ist man am Alsterufer, wo der Weg unter dem Bogen der U-Bahn-Brücke hindurchführt. Beschaulich ist es hier. Die Junisonne spielt im Laub der Bäume. Die Singvögel veranstalten ihr sonntägliches Morgenkonzert: Eine Mönchsgrasmücke flötet ihre schönen Strophen, ein Zaunkönig schmettert seine Lieder, und der Zilpzalp ruft wiederholt seinen Namen. Ein Stück weiter flussaufwärts erstreckt sich rechter Hand ein Erlenbruch. Gemächlich fließt die Alster. Eine Stockentenmutter gleitet mit ihren Jungen auf dem Wasser. Nicht weit davon schwimmt gemütlich eine viel kleinere, dunkel wirkende Ente: eine **REIHERENTE**. Es ist ein Weibchen. So allein? Nein, das Männchen ist unter Wasser mit Nahrungssuche beschäftigt und taucht jetzt auf. Tropfen perlen von seinem Prachtkleid in Schwarz und Weiß. Verwegen sieht es aus mit seinem Federschopf am Hinterkopf. Diese Tauchentenart liebt stehende, seichte Gewässer; es können auch einmal langsam fließende Wasserläufe sein. Unser Reiherentenpaar hat vielleicht hier in der Nähe an einem der Teiche auf der anderen Seite der Alster einen Brutplatz gefunden, an dem die empfindlichen Vögel nicht von Spaziergängern gestört werden.

Der Weg entfernt sich etwas vom Fluss und führt durch Wiesengelände, rechts mit Spielgeräten besetzt, darunter vier als Störche stilisierte Kletterpfähle. Hier wurde eine artenreiche Wiese in eine Freizeitfläche umgewandelt, was der eine oder andere Botaniker sicher bedauert. Ein paar Schritte weiter kommt rechts der Hang des alten Stromtals für einen kurzen Teil der Strecke in Sicht. Danach führt der Weg an einem langgezogenen Teich entlang. Am Ufer wächst Blutweiderich, ein Graureiher wartet auf einen leckeren Fisch, und auf dem Wasser erfreuen uns wunderschöne Seerosen. Bei der Kühnbrücke, die wir links liegen lassen, entdecken wir ein Spechtloch in einer Erle, aus dem das nicht enden wollende »wiwiwiwiwi« kleiner hungriger Buntspechte zu hören ist. Im nächsten Moment kommt auch schon der Altvogel mit Insekten im Schnabel und füttert den Nachwuchs. Als wir über die Illiesbrücke zur anderen Seite wechseln, lassen uns fremdartige Vogelstimmen aufhorchen. Sie rühren von den Exoten in der großen Voliere auf dem Grundstück eines Altenheims. Doch auch bekanntere Töne sind zu hören. Von einer Buche her die zarten Rufe einer **SCHWANZMEISE**. Der kleine Vogel mit dem charakteristischen langen Schwanz, den er wie eine Balancierstange benutzt, turnt emsig in den Zweigen umher. Er ist auf Insekten und Spinnen aus. Schwanzmeisen sind Nestbaukünstler. Für ihre oben geschlossenen eiförmigen Nester mit seitlichem Einschlupfloch suchen sie sich hohe Gebüsche oder Bäume. Der kunstvoll aus Moos, Flechten und Spinnweben geflochtene Bau ist mit Federn und Haaren weich und warm ausgepolstert. Außerhalb der Brutzeit sind Schwanzmeisen sehr gesellig und stromern in kleineren und größeren Trupps durch die Gegend.

*Schwanzmeisen*

Es geht nun an Bruchwald, Gartengrundstücken und Kleingärten vorbei und über die Brücke beim UHC-Sportplatz zur anderen Alsterseite wieder zurück. Auf dem Wasser rudert langsam ein Singschwan dahin, ein verwilderter Parkvogel, den es im zeitigen Frühjahr anders als seine wilden Artgenossen nicht in den Norden zieht. Auf der Bank unter einer alten Eiche

**SCHWANZMEISE** (Aegithalos caudatus) [**KENNZEICHEN**] Länge 13–15 Zentimeter, kleiner Körper, winziger Schnabel, sehr langer Schwanz. Kopf weiß mit dunklem Scheitelstreif; Oberseite schwarz und rötlich, Unterseite weißlich. [**STIMME**] Ein schnurrendes »tserrrp« oder ein zartes »si-si-si«. Der leise zwitschernde Gesang ist selten zu hören. [**LEBENSRAUM**] Unterholzreiche Wälder, Parks, große Gärten. [**SONSTIGES**] Jahresvogel. In Hamburg brütet die Schwanzmeise auch im Alten Botanischen Garten, ganz in der Nähe zur Innenstadt.

in Ufernähe gönnen wir uns einen Schluck aus der Thermosflasche. Über uns schmettert ein **BUCHFINK** seine Strophen. Der Gesang des Männchens ist so einprägsam, dass dafür weit mehr Merksätze erfunden wurden als für andere Vogelgesänge – von »Mädele, Mädele, deck das Knie zu« in Schwaben bis zu »Dütt, dütt, dütt is mien Revier« in Niedersachsen. Mit den dialektgefärbten Merksätzen scheint schon angedeutet zu sein, dass es auch im Buchfinkenschlag Dialektunterschiede gibt. Insbesondere der auffallende Endschnörkel des mehrstrophigen Gesangs variiert stark, wie in den Formulierungen »mien Revier« und »Knie zu« angedeutet. Typisch ist sein Ruf »pink«, den der Buchfink etwa dann ertönen lässt, wenn er sich über eine Katze aufregt. Dieser Laut hat möglicherweise den Finken den Namen eingetragen.

Nun geht es durch einen Buchenbestand mit viel Jungwuchs. Der Weg entfernt sich etwas von der Alster und führt am Steilhang entlang. Schon bald ist der Fluss wieder in Sicht. In einer großen Weide ruft eine Sumpfmeise. Wir gehen über die nächste Brücke zum anderen Ufer und wandern nach rechts. Die Flä-

*Buchfink*

**BUCHFINK** (Fringilla coelebs) [**KENNZEICHEN**] Länge 14–16 Zentimeter; zwei weiße Flügelbinden, weiße Schwanzkanten. Brust und Kopfseiten des Männchens sind rostrot, Scheitel und Nacken taubenblau, der Rücken braun. Das Weibchen ist eher unscheinbar gefärbt und ähnelt einem Sperlingsweibchen. [**STIMME**] Bei Gefahr ein scharfes »pink«, bei leichter Erregung ein »hüit« oder »wrüt« (»Regenruf«), im Flug ein weiches »djüb«. Der laut geschmetterte Gesang weist regionale Unterschiede auf und wird mit verschiedenen Merksätzen umschrieben, etwa »Bin, bin, bin ich nicht ein schöner Bräutigam?«. [**LEBENSRAUM**] Laub- und Nadelwälder, Parks und Gärten. [**SONSTIGES**] Teilzieher. Ein Teil der Buchfinken (vor allem Weibchen) zieht im September/Oktober fort und kehrt im Februar/März zurück, die übrigen bleiben hier. Der Buchfink ist in Hamburg weitverbreitet.

*Gebirgsstelze*

che zwischen dem Weg und den höher gelegenen Grundstücken ist bewaldet. In einer Kiefer singt eine Tannenmeise, ein Trauerschnäpper meldet sich mit seinem »witu witu witu«. Von der Alster her ertönt ein scharfes, durchdringendes »ziss ziss«: der Ruf einer **GEBIRGSSTELZE**. Mit wippendem Schwanz trippelt sie geschäftig den schmalen Schwemmsandstreifen am gegenüberliegenden Ufer entlang. Sie ist auf der Suche nach Insekten und deren Larven, die sie sich gelegentlich auch im seichten Wasser sucht. Der auf Wassernähe angewiesene Vogel nistet vielleicht nicht weit von hier an einem Uferabbruch, wo er eine passende Nische oder Höhlung für sein Nest gefunden hat. Angestammtes Biotop der Gebirgsstelze sind schnell fließende Bäche und Flüsse besonders in gebirgigen Regionen, wo ihr typischer Ruf auch lautes Wasserrauschen durchdringt. Unsere Stelze fliegt alsteraufwärts im Bogenflug davon.

Nach Überquerung einer weiteren Brücke bewegen wir uns langsam in Richtung S-Bahnhof Poppenbüttel. Doch auf dem Weg dorthin vernehmen wir aus der Luft noch ein seltsames »Klatschen«. Wir schauen nach

**GEBIRGSSTELZE** (Motacilla cinerea) [KENNZEICHEN] Länge 17–20 Zentimeter; sehr langer schwarzer Schwanz mit weißen äußeren Steuerfedern, Schwanz und Hinterkörper ständig wippend. Rücken blaugrau, weißer Überaugen- und Bartstreif; Männchen mit gelber, Weibchen mit weißlicher Unterseite. Beim Männchen sind Kinn und Kehle im Sommer schwarz. [STIMME] Ruf ein scharfes »ziss-zississ«. Gesang kurz »zi-zi ... zürit«. Gelegentlich Imitationen anderer Vogelstimmen. [LEBENSRAUM] Schnell fließende klare Bäche und Flüsse, gern an Brücken und Wehren. [SONSTIGES] Teilzieher. Ein Teil der Gebirgsstelzen zieht im Oktober fort und kehrt im März zurück, die übrigen bleiben hier. Auf Hamburger Gebiet im Oberalsterraum vorkommend.

*Ringeltaube*

oben und sehen eine **RINGELTAUBE**. Gut sind ihre weißen Flügelstreifen und die weißen Halsflecken zu erkennen. Gerade können wir den Balzflug eines Männchens beobachten. Es fliegt von einem Astende oben in der Baumkrone steil aufwärts und lässt sich dann in einen bogenförmigen Gleitflug abkippen. Auf dem Scheitelpunkt der Flugbahn klatscht der Täuberich kräftig mit seinen Flügeln. Dieses Flugmanöver wiederholt unsere Ringeltaube noch drei Mal. Sie ist Hamburgs häufigste Taube. Im Jahre 2012 zählten Vogelkundler 19 000 Brutpaare. Dass sich diese große Taube immer mehr an das Stadtleben anpasst, zeigt ihre abnehmende Scheu gegenüber Menschen. Sie brütet auch in dicht bebauten Wohngebieten, wo sie für ihr nicht besonders kunstvoll aus trockenen Zweigen gebautes Nest manchmal sogar einen Platz auf einer Fensterbank oder an einer berankten Wand wählt.

**RINGELTAUBE** (Columba palumbus) [KENNZEICHEN] Länge 38–43 Zentimeter; Oberseite blaugrau, Unterseite heller, Brust rötlich. Große weiße Flecken auf den Halsseiten und breite weiße Flügelbinden auf den Flügeloberseiten (nur im Flug zu sehen). [STIMME] Ein fünfsilbiges dumpfes Gurren: »ruguhgu, gugu«. [LEBENSRAUM] Wälder, Parks, große Gärten, aber auch Innenstadtbereiche mit Bäumen und Sträuchern zum Brüten. [SONSTIGES] Die Ringeltaube ist in unseren Breiten die größte Taube. Im Herbst ziehen viele Ringeltauben aus Nord- und Osteuropa nach Westeuropa. Dann lassen sich über Hamburg manchmal riesige Schwärme von über tausend Vögeln beobachten.

### HIER VORKOMMENDE BRUTVÖGEL

*Amsel, Bachstelze, Blässhuhn, Blaumeise, Buchfink, Buntspecht, Eichelhäher, Eisvogel, Elster, Feldsperling, Fitis, Gartenbaumläufer, Gartengrasmücke, Gartenrotschwanz, Gebirgsstelze, Gimpel, Grauschnäpper, Grünfink, Grünspecht, Haubenmeise, Haussperling, Heckenbraunelle, Kanadagans, Kernbeißer, Klappergrasmücke, Kleiber, Kleinspecht, Kohlmeise, Mäusebussard, Misteldrossel, Mittelspecht, Mönchsgrasmücke, Rabenkrähe, Reiherente, Ringeltaube, Rotkehlchen, Schwanzmeise, Singdrossel, Singschwan, Sommergoldhähnchen, Star, Stockente, Sumpfmeise, Tannenmeise, Teichhuhn, Trauerschnäpper, Türkentaube, Waldbaumläufer, Waldkauz, Waldlaubsänger, Wintergoldhähnchen, Zaunkönig, Zilpzalp.*

### TIPPS

➔ *Näheres zum Oberalsterraum ist im Alstertal-Museum im Torhaus Wellingsbüttel am Wellingsbüttler Weg 75 A zu erfahren, Telefon (040) 536 667 9. Geöffnet: Sonnabend und Sonntag von 11 bis 13 Uhr und von 15 bis 17 Uhr.* ➔ *Wer die Vogelwelt vom Wasser aus beobachten möchte, findet Paddel-, Ruder- und Tretboote bei der Bootsvermietung Töns, Ratsmühlendamm 2, Telefon (040) 599 498, geöffnet von April bis September, täglich von 10 bis 20 Uhr, oder beim Bootshaus Marienhof, Marienhof 4, Telefon (040) 606 667 7, geöffnet von April bis September, täglich von 10 bis 20 Uhr.*

### EIGENE BEOBACHTUNGEN

## VOGELFREUNDLICHE BAU- UND GRÜNPLANUNG – VOGELSCHUTZ IN DER STADT

»Lasst die Mauersegler nicht in der Luft hängen«, forderte der NABU Hamburg einmal in einem Faltblatt. Es ging um Maßnahmen, die den pfeilschnellen Luftakrobaten bessere Nistmöglichkeiten verschaffen sollten. In den letzten Jahrzehnten sind ja viele ältere Gebäude mit reich strukturierten Fassaden und Dächern teils durch Abriss verloren gegangen, teils durch Sanierung für Gebäudebrüter unbenutzbar geworden. Der NABU regt an, den Mauerseglern durch Nistkästen und Niststeine Ersatzquartiere zu schaffen. Zahlreiche ähnliche Initiativen zielen darauf ab, der durch Kosten- und Nützlichkeitsdenken geförderten Verödung unseres Lebensraums entgegenzuwirken.

Bei den Stadtplanern ist es längst Konsens, dass Begrünung die Städte belebt: Parks und Gärten, Grünflächen, Grünzüge und Straßenbegleitgrün. Die Fachleute werden sich auch darüber Gedanken machen, wie eine sinnvoll gemischte Biotopvielfalt zu erzielen ist, die möglichst vielen Tierarten Heimat bietet. Für die Vogelwelt ist es wichtig, dass schützende Gebüsche und Bäume zum Nisten, Ruhen und Schlafen einladen. Wo viel Grün ist, findet sich auch viel zu fressen, von der Blattlaus am Rosenblatt und dem fetten Regenwurm im englischen Rasen bis zu Erlensamen, Bucheckern und Vogelbeeren.

Nicht alle Ideen lassen sich in die Tat umsetzen, denn oft stehen wirtschaftliche Interessen oder leere Kassen dem entgegen. Vielleicht ließe sich eine größere Zahl von Vorschlägen realisieren, wenn mehr Menschen die Bedeutung von Stadtnatur bewusst wäre. Es gilt also, dieses Bewusstsein durch weitere Aufklärungsarbeit zu verstärken. Die Naturschutzverbände leisten hier seit Langem hervorragende Arbeit. Auch in der Schule, ja bereits im Kindergarten sowie in den Medien findet das Thema Beachtung, könnte aber noch intensiver vermittelt werden, denn man schützt nur das, was man wirklich kennt. Auch durch private Initiative lässt sich der städtischen Vogelwelt unter die Fittiche greifen. Ob Bürohauskomplex, Miets- oder Einfamilienhaus – die unterschiedlichsten Gebäudetypen können auch den Vögeln Unterkunft bieten. Bedingung ist, dass ihre Bauweise geometrisch glatte Lückenlosigkeit vermeidet, Kletterpflanzen mit ihrem Ranken- und Blätterwerk Schutz bieten und vielleicht zusätzlich Vogelkästen und Niststeine das Nistplatzangebot erweitern. Dachbegrünung, wie sie seit Jahren im Trend liegt, bietet den Vögeln zusätzlichen Lebensraum. Die Planung von Neubauten sollte Vogelschutzaspekte von vornherein einbeziehen. Wenn ältere Gebäude saniert werden, sollte auf eine sanfte Erneuerung Wert gelegt werden, bei der nicht jeder Vorsprung abgeschlagen und nicht jede Nische geschlossen wird.

Für Gartenbesitzer liegt es nahe, an Bäumen oder Gartenhäuschen Nistkästen verschiedener Bautypen katzen- und mardersicher anzubringen. Man kann sie sich leicht selbst bauen und dabei, wenn nötig, auf fertige Bausätze zurückgreifen oder sich Anleitung aus dem Internet suchen. Mit der Anbringung allein ist es allerdings nicht getan, denn zur Vorbeugung gegen Flöhe, Milben und Zecken müssen die Kästen einmal im Jahr gründlich gereinigt werden, am besten bald nach der Brutperiode. Auch Mietshausbewohner können – in Absprache mit dem Vermieter – Nistkästen am Balkon oder an der Hauswand anbringen. Größere Nistkästen für Turmfalken oder Dohlen gehören in luftige Höhe, sodass bei der Anbringung an hohen Gebäuden wie Hochhäusern und Kirchen einige technische Schwierigkeiten zu überwinden sind, zumal die regelmäßige Reinigung sicherzustellen ist. Eine Sache für den Fachmann ist es auch, nachträglich Niststeine einzubauen oder am Haus sicher zu befestigen. Bei Neubauten können sie gleich mit geplant werden; im Vergleich mit der gesamten Bausumme sind die Kosten minimal.

Um die vogelfreundliche Gestaltung komplett zu machen, ist auch an die Minimierung von Gefahren zu denken. So machen Gardinen und Vorhänge Fenster für Vögel gut sichtbar, sodass diese nicht dagegenfliegen und sich den Hals brechen. Lüftungsöffnungen in der Hauswand müssen vergittert sein, denn sonst kann sich ein Vogel auf der Nistplatzsuche hineinverirren und darin umkommen. Wo ein Regenfallrohr an eine Dachrinne ansetzt, ist ein Drahtgittereinsatz vorzusehen. So wird verhindert, dass Vögel in das Fallrohr geraten und dort elendig verenden. Zum Schutz von nistenden Vögeln können Gartenbesitzer ihren Bäumen spezielle, mit langen Metalldornen versehene Abwehrgürtel anlegen, die Katzen und Mardern das Erklettern unmöglich machen. Etwas Stacheldraht oder ein etwa fünfzig Zentimeter breiter Blech- oder Kunststoffmantel tun es auch. Für Katzenbesitzer sollte es eigentlich auch selbstverständlich sein, ihre Stubentiger besonders im April und Mai, wenn die meisten Vögel mit ihrem Nachwuchs beschäftigt sind, möglichst nicht unbeaufsichtigt ins Freie zu lassen. Auch Hundebesitzer sollten sich in dieser Periode bei Spaziergängen in Grünanlagen strikt an das Anleingebot halten, um am Boden oder bodennah brütende Vögel wie Rotkehlchen, Zaunkönig und Laubsänger nicht zu gefährden.

Eine grüne Umgebung bietet nicht unbedingt die Garantie, dass Vögel dort genügend Insekten, Früchte und Samen finden. Gut aufgeräumte Grünanlagen und Gärten mit exotischen Ziergewächsen wie Rhododendron, serbischer Fichte und Ginkgo mögen manchem gefallen, sind aber für Vögel uninteressant. Dort gibt es für sie nur wenig zu fressen, denn diese Ziergehölze werden von Insekten eher gemieden. Auch sind viele gleich ganz auf Unfruchtbarkeit hin gezüchtet, andere wiederum tragen Früchte, mit denen die hiesige Vogelwelt nichts anzufangen weiß.

Wie vogelfreundlich einheimische Pflanzen sind, lässt sich am Beispiel von Eberesche und Weißdorn ablesen: Man hat 63 Vogelarten gezählt, denen die roten Vogelbeeren schmecken; am Weißdorn wurden 163 Insektenarten beobachtet, ein Paradies für insektenfressende Vögel. Für die Bepflanzung von Grünanlagen und Gärten steht eine breite Auswahl an einheimischen Sträuchern und Bäumen zur Verfügung. Einige Beispiele aus der langen Liste: Schwarzer Holunder, Faulbaum, Sal-Weide, Schlehe, Haselnuss, Wildrosen, Liguster, Hartriegel, Pfaffenhütchen, Eibe, Brombeere, Wacholder, Traubenkirsche, Berberitze, Kreuzdorn. Bei der Garten- und Parkpflege sollte man nach Möglichkeit auf Pestizide verzichten. Mit vergifteten Insekten und Beeren vergiften sich auch die Vögel. Viele Pestizide reichern sich dauerhaft im Fettgewebe an, beeinträchtigen die Fruchtbarkeit und verursachen Störungen des Immun- und Nervensystems. Wer ein Übriges tun will, kann wenigstens einen Teil seines Gartens sich selbst überlassen. Wo abgestorbene Pflanzen bis zum Frühjahr stehen bleiben und das Laub nicht weggeharkt wird, überwintern zahlreiche Insekten und bilden einen zusätzlichen natürlichen Futtervorrat für Vögel.

Herrscht im Winter Dauerfrost und ist alles verschneit, müssen die Vögel hungern. Sitzt eine Amsel oder ein Rotkehlchen mit aufgeplustertem Gefieder verloren im Gezweig vor dem Fenster des gut geheizten Wohnzimmers, mag sich bei manchem Mitleid regen. Gleich beim nächsten Einkauf wird Vogelfutter besorgt: Körnermischung, Meisenringe oder Meisenknödel. Eine Freude ist es dann, den Turnereien der Meisen und dem regen Betrieb am Futterhäuschen zuzusehen. Kinder mit ihrer wachen Neugier haben besonderen Spaß daran, das Treiben der Vögel aus der Nähe zu beobachten.

Wie bei Nistkästen ist auch bei Futterhäuschen am Balkon oder im Garten an eine regelmäßige Reinigung zu denken, damit sich die Vögel nicht durch Krankheitserreger, insbesondere Salmonellen, im hinterlassenen Kot infizieren. Essensreste, Speckschwarten und Brot sind nicht als Futter geeignet, denn das darin mehr oder weniger enthaltene Salz bekommt den Vögeln nicht. Ein gut besuchtes Futterhäuschen ist natürlich auch eine Attraktion für Katzen. Deshalb sollte es so platziert werden, dass mindestens zwei Meter Umfeld für die Vögel überschaubar sind. Spätestens mit Beginn der Brutzeit ist die Fütterung einzustellen, denn wenn Vogeleltern den Jungvögeln anstelle von Insekten das bequem zugängliche Körnerfutter füttern, kann das für diese tödlich sein. In der Stadt ist die Auswahl an Futterstellen sehr groß, denn Vogelfreunde gibt es reichlich. Stichprobenzählungen in Norddeutschland ergaben, dass auf hundert Meisenpaare 3319 Futterstellen kamen, das sind sechzehn pro Meise. Die Winterfütterung wird also übertrieben und sichert dem einschlägigen Handel gute Umsätze. Unter dem Artenschutzaspekt ist es fraglich, ob diese Hilfe zum Überleben im Winter wirklich sinnvoll ist. Sie greift beispielsweise in den Prozess der natürlichen Auslese ein, indem sie auch schwächeren Vögeln über den Winter hilft, die sich nun fortpflanzen und die Widerstandsfähigkeit der Art insgesamt vermindern. Auch kommt Winterfütterung gerade den häufigeren und wenig bedrohten Arten zugute, wodurch seltenere Arten unter größerem Konkurrenzdruck zu leiden haben.

Ganz allgemein lässt sich sagen, dass gegen eine maßvolle Winterfütterung nichts einzuwenden ist, zumal sie gerade dem Stadtmenschen die Begegnung mit wild lebenden Tieren ermöglicht. Doch wie wäre es wohl zu bewerkstelligen, die genannten 3319 norddeutschen Futterstellenbetreiber an einen Tisch zu bringen, um eine Einigung über die Lizenzerteilung für Futterhäuschen zu erzielen? Wenn das gelänge, könnte ja das eingesparte Geld dem Naturschutz zukommen. Landesweit würden dabei Millionen herauskommen.

WULKSFELDER WEG
WIEMERSKAMPER WEG
MOORWEG
LANGE
WIEMERSKAMPER WEG
FÖRSTERHAUS
DUVENSTEDTER TRIFTWEG
BROOKHUS
TRIFTWEG
HERRENHAUSALLEE
BRÜGKAMP
MOORDAMM
AUEWANDERWEG
KUPFERREDDER
JERSLOGE

# DUVENSTEDTER BROOK

Einzelne, im Moorwasser stehende tote Birkenstämme verraten etwas über die jüngere Vergangenheit des Duvenstedter Brooks, mit 780 Hektar eins der größten Naturschutzgebiete Hamburgs. Seit den 1920er Jahren hatte man weite Teile der von der letzten Eiszeit hinterlassenen Moore, Feuchtheiden, Nasswiesen, Bruch- und Auwälder durch Abtorfung und Entwässerungsmaßnahmen in landwirtschaftliche Nutzflächen umgewandelt. In den 1970er Jahren begann die Wiederbelebung der ehemals sehr abwechslungsreichen Landschaft. Durch Rückstaumaßnahmen, Zuschütten von Entwässerungsgräben und Renaturierung von Bachläufen gelang es, den ursprünglichen Zustand weitgehend wiederherzustellen. Moose wuchsen wieder, Bruchwald nahm zu, und neue Feuchtwiesen entstanden. Vielen Birken dagegen wurde es zu nass: Sie starben ab. Tier- und Pflanzenwelt sind äußerst vielfältig. Sogar Kraniche nisten im Duvenstedter Brook.

## WO DIE KRANICHE BRÜTEN

Für den NDR-Naturfilm »Wildnis vor den Toren der Millionenstadt« von Uwe Anders und Holger Vogt hat die Natur des Duvenstedter Brooks die

*Der Duvenstedter Brook liegt im äußersten Nordosten Hamburgs. S-Bahn (S1, S11) bis Poppenbüttel, von dort mit der Buslinie 276 bis zum Duvenstedter Triftweg, dann noch zwanzig Minuten Fußweg bis zum Duvenstedter BrookHus, dem Informationshaus des NABU. U-Bahn (U1) bis Ohlstedt, von dort drei Kilometer zu Fuß oder mit dem Fahrrad (über Alte Dorfstraße, Timms Hege, Kupferredder) bis zum Duvenstedter BrookHus. Parkplatz gegenüber dem BrookHus (Ecke Duvenstedter Triftweg/Wiemerskamper Weg).*

Dramaturgie geliefert. In jeder Jahreszeit zeigt sie sich von einer neuen Seite. Ein Höhepunkt des Films ist die spektakuläre Brunft der Rothirsche, ein anderer sind die Einblicke in das Leben der dort brütenden Kraniche. Die Stoffauswahl ist den Filmmachern sicherlich nicht leichtgefallen, denn im Laufe des Jahres sind hier neben vielem anderen rund 180 Vogel-, 38 Säugetier-, 10 Amphibien-, 7 Reptilien-, 33 Tagfalter- und 32 Libellenarten zu beobachten. Die Pflanzenwelt ist mit mehr als 500 Arten äußerst zahlreich vertreten. Im Frühjahr bringen Frühblüher wie Huflattich, Scharbockskraut und Buschwindröschen Farbe in die Natur, veranstalten die Frösche ihr Konzert und stimmt die Vogelschar ihre Lieder an. Der Sommer ist die Zeit der Insekten. Im Herbst, wenn die Kraniche fortziehen, die Hirsche röhren und die Pilze aus dem Boden kommen, sorgen Beeren und buntes Laub für eine neue Farbpalette. Auch im Winter hat der Duvenstedter Brook seinen Reiz: Trupps kleiner Vögel bringen Leben ins Bild. Mit unablässigem zarten Gezwitscher sind sie im Gezweig von Erlen und Birken auf Nahrungssuche und fliegen wie auf Kommando einen Baum weiter. Es sind zumeist Wintergäste aus dem Norden, etwa Birkenzeisig, Erlenzeisig und Bergfink.

Unweit des BrookHus, wo sich der Duvenstedter Triftweg von einer Autostraße in einen asphaltierten Wanderweg verwandelt, befindet sich der Haupteingang zum Naturschutzgebiet. Wir entscheiden uns für den Pfad, der rechts vom Triftweg und parallel dazu an einem offenen Wiesengelände entlangführt. Linker Hand begleitet ein mit Laubbäumen bewachsener Erdwall den Weg, vermutlich ehemals ein Knick. Eine rohe Holzbank lädt dazu ein, sich von der morgendlichen Maisonne bescheinen zu lassen und den Blick in die Landschaft zu genießen. Ein großer Vogel fliegt mit gemächlichen Flügelschlägen einer Baumreihe in der Ferne zu, lässt gelegentlich ein kurzes klangvolles »grog« hören und gibt sich damit als Kolkrabe zu erkennen. Wir lassen die Pause nicht zu lang werden. Bei der nächsten Möglichkeit verlassen wir den schmalen Weg und wandern nun auf dem Hauptweg weiter. Er führt über die Röthbek hinweg, die sich hier durch einen Erlenbruch schlängelt. Irgendwo trommelt ein Kleinspecht. Wo sich ein aufgelockerterer Bruch mit Birken, Eichen und Weidengebüsch anschließt, ruft ein **PIROL**. Er ist wohl erst vor Kurzem aus seinem afrikanischen Winterquartier zurückgekehrt. »Vogel Bülow« ist der volkstümliche Name für den kontrastreich gelb und schwarz gefiederten und damit exotisch anmutenden Vogel. Der Adelsname bot sich für die lautmalerische Wiedergabe seines melodischen Rufes an. Es gelingt uns nicht, den Vogel auszumachen, was kein Wunder ist, denn der Pirol hält sich gern im Blattwerk von Baumkronen verborgen.

Wo der Reitweg nach rechts abbiegt, endet der Asphalt. Nur wenige Schritte weiter ändert sich die Aussicht. Statt auf Bruchwald haben wir jetzt weiten Blick auf Moorheide mit Moosbeere, Wollgras und Glockenheide. Hier kommt auch der seltene Sonnentau vor. An trockeneren Stellen wachsen Pfeifengras, Besenheide und vereinzelt Birken. Im Graben am Wegesrand fließt braunes Moorwasser. Ein Schwarzspecht meldet sich mit seinem weithin hörbaren »kliöh«. Bald kommen wir zur Revierförsterei

*Pirol*

**PIROL** (Oriolus oriolus) [KENNZEICHEN] Länge 22–25 Zentimeter; das Männchen ist kontrastreich gefärbt: Rücken, Kopf, Brust und Bauch leuchtend gelb, Flügel und Schwanz schwarz. Beim Weibchen sind Kopf und Rücken gelblich-grün, Flügel und Schwanz dunkel, die weißliche Unterseite leicht gestreift. [STIMME] Das wohlklingende kurze »düdlio« ist leicht nachzupfeifen. Die krächzenden Warnrufe erinnern an die Laute der Eichelhäher. [LEBENSRAUM] Parks mit altem Baumbestand, große Obstgärten, Laubwälder, Auwälder. [SONSTIGES] Zugvogel. Von April/Mai bis August/September bei uns, ist er in Hamburg selten geworden. Der Pirol hat viele zentrumsnahe Brutplätze wie etwa den Stadtpark oder den Altonaer Volkspark aufgegeben. Auch im Duvenstedter Brook ist er nur noch selten zu sehen.

und machen den Abstecher zur Beobachtungshütte des NABU. Durch die Fenster blicken wir auf Moorgewässer und entdecken Stockenten, ein Krickentenpaar und einige Bläss- und Teichhühner. Wieder auf dem Wanderweg, überqueren wir die Ellernbek und nutzen einen Beobachtungsplatz für einen Blick in das moorige Wiesengelände links vom Weg. Ein **KUCKUCK** fliegt gerade zum nahen Erlenbruch. Mit seinem langen Schwanz und den raschen Flügelschlägen ähnelt er einem fliegenden Falken. Durch das Glas sehen wir ihn in einer Erle sitzen. Es dauert nicht lange, bis sein Revierruf ertönt. Die langen, spitzen Flügel hängen dabei etwas herab, und der Schwanz ist leicht aufgestellt. Der Aberglaube traut dem Kuckuck erhebliche Schicksalsmacht zu: Wenn man ihn hört und Geld bei sich hat, geht einem das ganze Jahr lang das Geld nicht aus. Weiter geht es auf dem Duvenstedter Triftweg. In einiger Entfernung links vom Weg passieren wir mehrere Kopfweiden an einem Graben. Ihre charakteristische Form geht darauf zurück,

*Kuckuck*

**KUCKUCK** (Cuculus canorus) [KENNZEICHEN] Länge 32–36 Zentimeter; Kopf, Brust und Oberseite blaugrau, quergebänderter weißer Bauch; langer Schwanz und spitze Flügel. Bei Weibchen gibt es eine Farbvariante, die aber nur selten zu sehen ist: Kopf, Brust und Oberseite sind rotbraun. Fast das gesamte Gefieder ist quergebändert. [STIMME] Ein tiefes »kuckuck«, das weithin hörbar ist; Ruf ein heiseres »hach«. Der Kuckuck ist manchmal auch in der Nacht zu hören. [LEBENSRAUM] Da der Kuckuck seine Eier in die Nester anderer Vögel legt, ist sein Lebensraum von dem seiner Wirtsvögel abhängig und entsprechend vielfältig. [SONSTIGES] Zugvogel, überwintert in Afrika und ist von Mai bis September bei uns. Der Nestparasit ist im Alten Land und in den Vier- und Marschlanden stark vertreten, wo besonders die dort häufig anzutreffenden Sumpf- und Teichrohrsänger ihm als Wirtsvögel dienen.

dass man ihnen früher regelmäßig die ein- bis vierjährigen Triebe abschnitt, um daraus Körbe zu flechten. Heckenbraunelle, Klappergrasmücke und Sumpfmeise singen um die Wette. Wir haben eine schöne Aussicht auf eine weitläufige Wiesenlandschaft. Wo sich die Röhrichtzone verschiedener Moorgewässer vermuten lässt, fliegt ziemlich niedrig ein etwa bussardgroßer Greifvogel. Mit seinen schlanken Flügeln und langen Schwanzfedern bietet er aber ein anderes Bild. Es ist eine **ROHRWEIHE**, und zwar ein Männchen. Mit V-förmig nach oben abgewinkelten Schwingen segelt es langsam über das Gelände, manchmal sorgen weiche Flügelschläge für neuen Auftrieb. Es sucht wohl nach Bisamratten, Blässhühnern, Fröschen, größeren Libellen und anderer Beute. Damit versorgt es auch das Weibchen und den Nachwuchs, die in ihrem Nest im Röhricht hungrig auf seine Rückkehr warten. Außer der Rohrweihe brüten auch andere gefiederte Jäger im Duvenstedter Brook: Mäusebussard, Sperber, Habicht, Wespenbussard, Baumfalke und Turmfalke. 1999 baute hier sogar ein Seeadler-Paar einen Horst, gab ihn

*Rohrweihe*

**ROHRWEIHE** (Circus aeruginosus) [KENNZEICHEN] Länge 43–55 Zentimeter; lange Flügel und langer Schwanz charakterisieren das Flugbild der Rohrweihe. Das Männchen ist überwiegend braun mit grauem Schwanz und grauen Flügelflecken, das Weibchen mehr dunkelbraun, Kopf und Nacken rahmfarben. [STIMME] Lautäußerungen sind selten zu hören. Balzruf ein nasales »quiä«, bei Störungen ein schnelles Keckern. [LEBENSRAUM] Gebiete mit Schilfbeständen. Seen, Flüsse, feuchtes Grünland, Moore. [SONSTIGES] Zugvogel, von März/April bis September/Oktober bei uns. Die Trockenlegung von Feuchtgebieten sowie Störungen durch Angler und Wassersportler lassen den Gesamtbestand in Hamburg schrumpfen.

aber auf, bevor es zur Brut kam. Doch gibt es immer wieder Beobachtungen dieses prächtigen Greifvogels. Als die Rohrweihe aus unserem Blickfeld verschwindet, setzen wir uns wieder in Bewegung. Beim Försterhaus biegen wir nach links ab. Aus den Wiesen mit einzelnen Bäumen ist ein Baumpieper zu hören. Mit geruhsamem Flügelschlag überquert ein Graureiher die feuchte Grasflur. Schon bald gelangen wir an eine Wegkreuzung und halten uns links. Von den kleinen Teichen rechts und links des Wanderweges her grüßen uns die Frösche mit lautem Konzert. Die Musikanten sind überwiegend Moor- und Wasserfrösche. An den Ufern blühen Echtes Mädesüß, Wasserschwertlilie, Sumpfdotterblume und andere an nasse Standorte angepasste Pflanzen. Schmetterlinge wie das Tagpfauenauge und der Admiral gaukeln in der warmen Luft, und grazile Libellen machen Jagd auf Mücken und Fliegen. Wir gehen weiter geradeaus und kommen zu einem Beobachtungsplatz links am Weg. Unser Blick fällt auf Wiesen, auf nasse Grasfluren mit kleinen Teichen und auf Erlenbruch. Im Fernglas erkennen wir drei Graugänse, vielleicht auf dem Weg zum

*Kranich*

**KRANICH** (Grus grus) [KENNZEICHEN] Länge 96–119 Zentimeter; großer, langbeiniger Vogel mit langem Hals; Gefieder schiefergrau; die stark verlängerten Schulterfedern hängen buschig über den Schwanz herab; seitlich am schwarzen Kopf und Hals ein weißer Streifen. [STIMME] Bei der Balz und im Flug erschallt das typische Trompeten. [LEBENSRAUM] Moore, feuchtes Grünland und Bruchwälder. [SONSTIGES] Überwintert in Spanien und Nordafrika und ist von März/April bis September/Oktober bei uns. Kraniche ziehen in V-Formation. In Hamburg brüten fast alle Kraniche im Duvenstedter Brook. Einzelne Brutpaare konnten aber auch im Naturschutzgebiet »Schnaakenmoor« nachgewiesen werden.

großen Moorsee mit seinem Röhrichtgürtel. Vor dem Bruchwald können wir einen großen Vogel mit langen Beinen und langem Hals ausmachen: ein **KRANICH**. Er sucht nach Nahrung. Immer wieder verschwinden Kopf und Hals im hohen Gras. Die scheuen Kraniche brüten seit 1981 im Duvenstedter Brook. Zuerst nur ein Paar. Mittlerweile kommen bis zu fünfzehn Kranichpaare hierher. Seit vielen Jahren wachen ehrenamtliche NABU-Mitarbeiter von Ende März bis Ende Juni darüber, dass die Kraniche unbehelligt ihren Nachwuchs großziehen können.

Während wir den eleganten Kranich beobachten, lenkt uns ein scharfes »ki-tschik« ab. Wir schauen in Richtung dieses Rufes und sehen einen Vogel, der mal mit raschen Flügelschlägen, mal im Gleitflug in der warmen Frühlingsluft unterwegs ist. Mit seinen sichelförmigen, spitzen Flügeln ähnelt dieser Vogel einem übergroßen Mauersegler. Es ist ein **BAUMFALKE**. Jetzt scheint er etwas erbeutet zu haben. Beim Blick durch unser Fernglas erkennen wir eine Libelle in seinen Fängen. Er frisst sie schon im Flug. Der wendige Luftjäger ernährt sich von kleinen Vögeln wie Finken und Schwalben, aber auch von Libellen und anderen Insekten. Reichlich von der

*Baumfalke*

**BAUMFALKE** (Falco subbuteo) [KENNZEICHEN] Länge 29–35 Zentimeter; schiefergraue Oberseite und kräftige, dunkle Streifen auf Brust und Bauch. Kinn und Wangen weiß, schwarzer Kinnstreif. Rostrote Schenkelbefiederung und Unterschwanzdecken. [STIMME] Ruft zur Balzzeit keifend »kju, kju, kju, kju«. [LEBENSRAUM] Brütet gern in verlassenen Krähennestern in Wäldern, aber manchmal auch in größeren Parks. Zur Jagd sucht der Baumfalke freie Flächen wie etwa Feuchtwiesen oder Moore auf. [SONSTIGES] Zugvogel, überwintert in Afrika; von Mai bis September bei uns. In Hamburg ein seltener Falke. 2012 wurden 19 Brutpaare gezählt. Zum Vergleich: Die Zahl der Turmfalken betrug im selben Jahr 160 Vögel.

Natur beschenkt, marschieren wir in Richtung Wiemerskamper Weg, auf dem es dann nach links zurück zum BrookHus geht.

### HIER VORKOMMENDE BRUTVÖGEL

*Amsel, Bachstelze, Baumfalke, Baumpieper, Bekassine, Blässhuhn, Blaukehlchen, Blaumeise, Bluthänfling, Buchfink, Buntspecht, Dorngrasmücke, Eichelhäher, Eisvogel, Feldlerche, Feldschwirl, Fichtenkreuzschnabel, Fitis, Gartenbaumläufer, Gartengrasmücke, Gartenrotschwanz, Gebirgsstelze, Gelbspötter, Gimpel, Goldammer, Graugans, Grauschnäpper, Grünfink, Grünspecht, Habicht, Haubenmeise, Heckenbraunelle, Kernbeißer, Kiebitz, Klappergrasmücke, Kleiber, Kleinspecht, Kohlmeise, Kranich, Krickente, Kuckuck, Mäusebussard, Misteldrossel, Mittelspecht, Mönchsgrasmücke, Neuntöter, Pirol, Rabenkrähe, Reiherente, Ringeltaube, Rohrammer, Rohrschwirl, Rohrweihe, Rotkehlchen, Schlagschwirl, Schnatterente, Schwanzmeise, Schwarzkehlchen, Schwarzspecht, Singdrossel, Sommergoldhähnchen, Sperber, Star, Stieglitz, Stockente, Sumpfmeise, Sumpfrohrsänger, Tannenmeise, Teichhuhn, Teichrohrsänger, Trauerschnäpper, Tüpfelsumpfhuhn, Turmfalke, Uhu, Wachtelkönig, Waldbaumläufer, Waldkauz, Waldlaubsänger, Waldohreule, Waldschnepfe, Waldwasserläufer, Wasserralle, Weidenmeise, Wespenbussard, Wiesenpieper, Wintergoldhähnchen, Zaunkönig, Zilpzalp, Zwergtaucher.*

### TIPPS

→ *Näheres zur Brook-Landschaft ist im Duvenstedter BrookHus des NABU am Duvenstedter Triftweg 140 zu erfahren, www.hamburg.nabu.de, Telefon (040) 607 246 6. Öffnungszeiten: Februar, März und November am Samstag von 12 bis 16 Uhr, an Sonn- und Feiertagen von 10 bis 16 Uhr. April bis Oktober von Dienstag bis Freitag 14 bis 17 Uhr, am Samstag 12 bis 18 Uhr, an Sonn- und Feiertagen 10 bis 18 Uhr. Das BrookHus bietet auch Führungen und weitere naturkundliche Veranstaltungen an.* → *Eine gute Gebietskarte hat die Behörde für Umwelt und Energie herausgegeben, www.hamburg.de/bue/, Telefon (040) 428 403 416.* → *Im Sommer findet beim BrookHus das »Kranichfest« statt. Dort gibt es nicht nur Informationen über die »Vögel des Glücks«, sondern auch viele andere Attraktionen für Jung und Alt.* → *Hunde sind im Brook nicht zugelassen.*

### EIGENE BEOBACHTUNGEN

## BÖSE RÄUBER? – RABENVÖGEL IN DER STADT

Den Rabenvögeln oder Corviden wird gern alles erdenkliche Böse zugetraut, weshalb sie bei vielen Menschen keine besonderen Sympathien genießen: Elster, Eichelhäher, Dohle, Saatkrähe sowie die Aaskrähe mit den Unterarten Raben- und Nebelkrähe stehen im Ruf, andere Singvögel umzubringen, und stören durch ihr misstöniges Tschackern, Rätschen und Krächzen. In ländlichen Gebieten geht dies oft so weit, dass sie als »Raubzeug« bejagt werden, weil sie angeblich das Niederwild dezimieren, für Ernteschäden in der Landwirtschaft verantwortlich sind und sogar neugeborene Lämmer angreifen. Es scheint also einiges dafür zu sprechen, dass der Mensch sich ihrer entledigt.

Diese starke Abneigung gegen Rabenvögel geht wohl zum guten Teil auf alte Symbolik zurück: Kolkraben, Krähen und Elstern gelten als Verkünder von Unheil und Tod. Sie sind Unglücks- und Galgenvögel. In vorchristlicher Zeit war ihr Ruf jedoch zumeist besser. Raben waren Begleiter der griechischen Götter Apoll und Bakchos wie auch des germanischen Obergottes Wotan. Im 1. Buch der Könige wird der Prophet Elia von Raben fürsorglich mit Brot und Fleisch versorgt, nachdem Gott ihn in die Wildnis am Bach Krith geschickt hatte. Die römischen Auguren lasen aus dem Flug von Raben und Krähen Hinweise auf die Zukunft heraus. Elstern waren allerdings bereits in der nordischen Mythologie Vögel der Todes- und Unterweltgöttin Hel. Die Christianisierung hat mit den positiven heidnischen Symboliken gründlich aufgeräumt, sodass ein vorwiegend negatives Image übrig blieb, das Alfred Hitchcock sich als Motiv für seinen beklemmenden Film »Die Vögel« zunutze machen konnte.

Auch wenn die Laute der Rabenvögel nicht dafür zu sprechen scheinen, zählt man sie zu den Singvögeln. In dieser Gruppe sind sie ausgesprochene Riesen. Mit fast anderthalb Kilogramm Gewicht bringt der Kolkrabe am meisten auf die Waage, das ist gut achtmal so viel wie das Gewicht einer

Amsel. Auch mit ihrem vergleichsweise hochentwickelten Gehirn sind die Rabenvögel den anderen Singvögeln weit voraus. Es erlaubt ihnen, sich rasch und geschickt an veränderte Umweltbedingungen anzupassen. Ihr Verhalten wird also nicht in dem Maße durch Instinkte geleitet und festgelegt wie das anderer Vogelarten. Bei ihnen ist mehr Intelligenz im Spiel. Eine hübsche Verknüpfung von Gedächtnisinhalten leisten etwa Eichelhäher, wenn sie einen Waldkauz erblicken, sich auf den Bildeindruck hin an dessen Ruf erinnern und dann den Feind zunächst damit anhassen, bevor sie ihn mit ihrem typischen Rätschen beschimpfen. Gekonntes Imitieren der Rufe und Gesänge anderer Vogelarten ist zwar beispielsweise auch vom Star und von Rohrsängern bekannt, scheint aber dort keiner zwischenartlichen Kommunikation zu dienen.

Elstern und Krähen sind besonders auffällige Vertreter der städtischen Vogelwelt. Sie sind relativ häufig und fallen schon wegen ihrer Größe ins Auge. In Städten östlich der Elbe sind Nebelkrähen, westlich davon Rabenkrähen anzutreffen. Saatkrähen sind in den Städten bei Weitem nicht so häufig und können deshalb in einem vogelkundlichen Stadtführer außer Betracht bleiben. Sind im Winter die Bäume kahl, kann man die großen kugeligen Nester der Elstern und die struppig wirkenden Brutstätten der Krähen nicht übersehen. Noch vor fünfzig Jahren lebten Elstern und Krähen überwiegend in der mit Gebüschen und Bäumen durchsetzten freien Feldflur, ihrem angestammten Lebensraum. Dort fanden sie genügend Nahrung und Nistgelegenheiten. Das änderte sich aber, als die fortschreitende Intensivierung der Landwirtschaft zu einer »Ausräumung« der Landschaft führte. Da sich moderne Landmaschinen nur auf großen Anbauflächen rentabel einsetzen lassen, mussten Hecken und Bäume verschwinden. Elstern, Krähen und – in geringerem Ausmaß – auch die Eichelhäher suchten sich also mehr und mehr in den Städten einen neuen Lebensraum. Gärten, Parks, grüne Innenhöfe und Straßenbegleitgrün bieten mannigfache Nistmöglichkeiten, und das Nahrungsangebot ist vielseitig und reichlich. Die vielfach baumlosen Innenstadtbereiche dagegen laden nicht zum Nisten ein. Die Elstern gehen in ihrer Annäherung an den Menschen am weitesten, indem sie ihre Nester zum Teil in unmittelbarer Nähe von Häusern bauen. Krähen und ausgeprägter noch die Eichelhäher scheuen eher die direkte Nachbarschaft. Aber sind nun die Rabenvögel in der Stadt tatsächlich zur Plage geworden, und wie steht es wirklich mit den von ihnen angerichteten Schäden? Natürlich gibt es Menschen, die es unangenehm finden, wenn Elstern und Krähen in Parks die Abfallkörbe gelegentlich nach Resten von Pommes frites und anderem Essbaren durchstöbern, ohne sich um den verstreuten Inhalt zu scheren. Doch diese Verschandelung ist ja behebbar bzw. kann ihr durch entsprechend gestaltete Behältnisse vorgebeugt werden. Gravierender ist die Annahme, dass Elstern und Krähen die Eier und Jungen von Rotkehlchen, Buchfinken und anderer Sänger fressen und damit deren Bestand gefährden. Nach zahlreichen wissenschaftlichen Untersuchungen sieht es allerdings so aus, als handele es sich dabei mehr um ein irrationales Vorurteil denn um ein empirisch haltbares Faktum. So hat eine neuere Langzeituntersuchung in Osnabrück ergeben, dass trotz deutlicher Zunahme des Elsternbestandes auch die Zahl kleinerer Singvögel wie Amsel, Gimpel, Kleiber und Zaunkönig merklich anstieg. In Ulm stellte man in einem Gebiet mit relativ hoher Dichte an Elstern und Rabenkrähen fest, dass Buchfinken mit 41,7 Prozent einen ausgesprochen guten Bruterfolg erzielten. Allgemein ist also festzustellen, dass Brutmisserfolge keineswegs allein den Rabenvögeln anzulasten sind, denn unter anderem rauben ja auch Eichhörnchen, Katzen, Wiesel und Steinmarder Nester aus. Überdies rangieren Eier- und Jungenraub in der Liste der Ursachen für Brutmisserfolg auch nicht an der Spitze. Noch davor spielen – in der Reihenfolge ihrer Häufigkeit – der Mensch mit seinen Eingriffen in die Natur, der Tod eines Paarpartners und ungünstige Witterung eine Rolle.

Rabenvögel sind von Haus aus keine »Räuber«. Die Evolution hat sie auch gar nicht entsprechend ausgerüstet. Die Greifvögel haben krallenbewehrte

*Elster*

Greiffüße und Hakenschnäbel, um lebende Beute schlagen zu können. Der längliche und eher spitze Schnabel der Corviden dagegen ist mehr dazu geeignet, kleinteilige Nahrung vom Boden aufzunehmen. Dazu müssen sie sich zu Fuß bewegen, wobei Krallen nur hinderlich wären. Hinsichtlich ihrer Ernährung sind sie Generalisten, also Allesfresser. Elster, Krähe und Eichelhäher leben in erster Linie von Insekten, Würmern, Schnecken und pflanzlicher Kost, Elster und Krähe in der Stadt auch von Abfällen. Wenn sie ihren Speisezettel gelegentlich mit kleinen Wirbeltieren aufbessern, handelt es sich dabei vielfach um bereits tote Tiere. Eine gezielte Suche nach Vogelnestern wäre für Rabenvögel zudem sehr aufwendig, weil aufgrund ihrer seitlich am Kopf sitzenden Augen das räumliche Sehen eingeschränkt und damit das Erspähen von Beute erschwert ist. Es wäre für sie also höchst unökonomisch, sich darauf zu konzentrieren, vorwiegend Eier und Jungvögel zu erbeuten. Deshalb machen diese nur einen sehr kleinen Teil im Nahrungsspektrum aus. Und schließlich sind sie ja auch nur im Frühjahr im Angebot.

Zweifellos ist die Populationsdichte der Stadt-Corviden in den letzten Jahrzehnten angewachsen – ein Prozess, der durch Eingriffe des Menschen in ihren ursprünglichen Lebensraum in Gang gesetzt wurde. Die Zahl der Rabenvögel kann sich aber allein deshalb schon nicht ohne Grenze vermehren, weil die Bestandsentwicklung durch verschiedene natürliche Faktoren reguliert wird. Die Dichte hängt zum einen ganz wesentlich vom Nahrungsangebot ab, und auch die Nistmöglichkeiten setzen eine Grenze: Selbst wenn reichlich Bäume vorhanden sind, werden keineswegs alle als Brutstätten besetzt, weil die Vögel als Einzelbrüter bestimmte Mindestreviergrößen brauchen.

Revierkonkurrenz besteht dabei nicht nur innerhalb der Arten, sondern auch zwischen Krähen und Elstern. So neigen Elstern dazu, ihr Gelege aufzugeben, wenn sich in der Nähe Krähen ansiedeln. In geringerem Maße halten sich Rabenvögel auch dadurch gegenseitig in Schach, dass sie Nester ihrer Verwandten berauben. Insbesondere für die stärkeren Krähen sind zufällig entdeckte Eier und Jungvögel der Elstern ein gefundenes Fressen. Speziell bei den Krähen kommt hinzu, dass in einer anwachsenden Population partner- und revierlose Individuen an Zahl zunehmen und den etablierten Vertretern das Leben schwer machen. Die Habenichtse schrecken nicht davor zurück, die Revierbesitzer ihres Nachwuchses zu berauben, und tragen im Übrigen als Singles nicht zur Bestandsvermehrung bei. Von ungezügelter Vermehrung der Corviden kann also bei nüchterner und unvoreingenommener Betrachtung nicht die Rede sein; und ebenso wenig davon, dass sie die Bestände anderer Singvögel nennenswert bedrohen. In Deutschland ist diese Einsicht in das von der EU-Vogelschutzrichtlinie veranlasste Bundesnaturschutzgesetz und die Bundesartenschutzverordnung eingeflossen, die beide auch die Corviden unter Schutz stellen. Das ist in den entsprechenden Ländergesetzen allerdings noch nicht einheitlich umgesetzt oder verschiedentlich gar de facto wieder aufgehoben worden. Wenn der Mensch dennoch meint, durch Bejagen, Vergiften oder Vergrämen regulierend eingreifen zu müssen, ist die Dezimierung nicht von Dauer. Schon sehr bald rücken nämlich neue Zuzügler nach.

Der Schutz der Corviden ist auch deshalb von Bedeutung, weil sie einen wichtigen Platz im Naturgeschehen einnehmen. Als gelegentliche Aasfresser erfüllen sie etwa die Funktion einer »Gesundheitspolizei«, und ihre verlassenen Nester bieten zum Beispiel Turmfalken, Ringeltauben und sogar Haussperlingen Behausung für ihre Brut. Für ein Denken, das die Natur von vornherein in gut und böse, nützlich und schädlich einteilt, gibt es also wenig Grund.

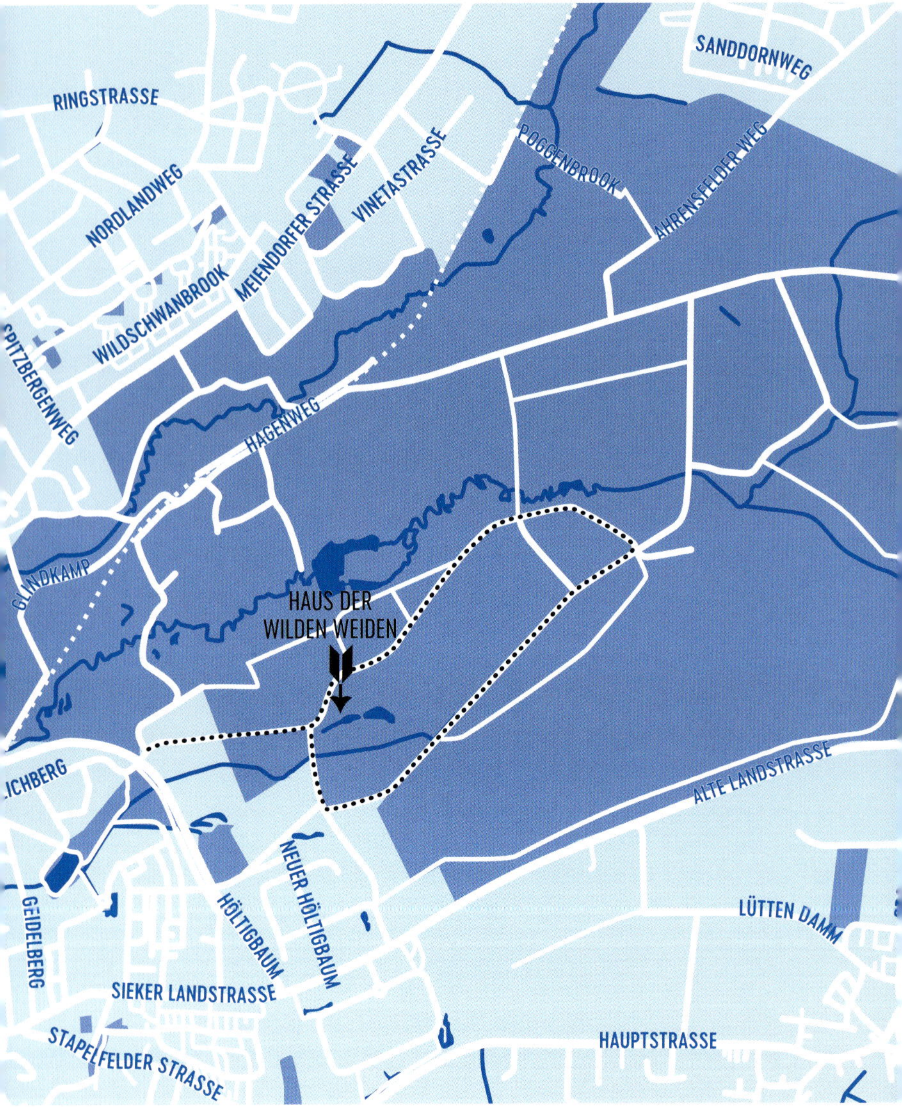

SANDDORNWEG
RINGSTRASSE
POGGENBROOK
AHRENSFELDER WEG
VINETASTRASSE
MEIENDORFER STRASSE
NORDLANDWEG
WILDSCHWANBROOK
SPITZBERGENWEG
HAGENWEG
GLINDKAMP
HAUS DER
WILDEN WEIDEN
ICHBERG
ALTE LANDSTRASSE
NEUER HÖLTIGBAUM
HÖLTIGBAUM
GEIDELBERG
LÜTTEN DAMM
SIEKER LANDSTRASSE
STAPELFELDER STRASSE
HAUPTSTRASSE

# HÖLTIGBAUM

Wenn früher die Lübecker auf der Kutschfahrt nach Hamburg an der Wegezoll-Station Höltigbaum Station machten, umgab sie ländliche Stille. Damit war es vorbei, als dort 1937 ein Truppenübungsplatz eingerichtet wurde. Bis 1945 pfiffen die Kugeln und gellten Kommandos. Nach dem Krieg kehrte Ruhe ein, aber schon 1958 war es damit wieder aus. Nun röhrten dort die Panzer der Bundeswehr. Ein Nebeneffekt der militärischen Nutzung: Innerhalb der Einzäunung gab es genug unberührte Stellen als Rückzugsgebiete für viele Tier- und Pflanzenarten. Hier waren sie nicht nur ungestört, sondern blieben auch von Pestiziden und Düngemitteln verschont. 1992 gab die Bundeswehr das Gelände auf. Naturschützern ist es zu danken, dass Höltigbaum mit seiner offenen, von Knicks und Bachläufen durchzogenen Hügellandschaft 1998 zum Naturschutzgebiet erklärt wurde. Es ist 152 Hektar groß und bildet mit dem Stellmoorer und dem Ahrensburger Tunneltal eine teils auf Hamburger, teils auf Schleswig-Holsteiner Gebiet liegende weiträumige Einheit von insgesamt rund 550 Hektar.

## FRIEDE DER NATUR AM HÖLTIGBAUM

Am Höltigbaum hat man die Enge und Hetze der Millionenstadt längst hinter sich gelassen. Der Blick kann in die Weite der leicht hügeligen, von

*Das Naturschutzgebiet Höltigbaum liegt im Nordosten Hamburgs. RB 81 (Richtung Lübeck) bis Rahlstedt, von dort mit den Buslinien 462 bis NSG Höltigbaum oder 562 bis Eichwischen. Parkplätze an den südlichen Eingängen.*

den Gletschern der letzten Eiszeiten geformten Landschaft schweifen. Feuchtwiesen wechseln mit Magerrasen ab, Bruchwäldchen in Senken mit Gebüschgruppen. Ab und zu verliert sich hier ein einzeln stehender Baum. Für den aufmerksamen Naturfreund ist manches zu entdecken. 223 Pflanzenarten wurden gezählt, darunter das Breitblättrige Knabenkraut, eine unserer einheimischen Orchideen, und das seltene Tausendgüldenkraut. Neben anderen Insekten und manchen Spinnen sind auch die Schmetterlinge reich vertreten, und zwar mit 21 Tag- und 189 Nachtfalterarten. Viele davon stehen in der Roten Liste.

Die Vogelwelt findet also einen reich gedeckten Tisch. Eine Zählung ergab 117 Arten, über sechzig davon brüten hier. Natürlich kommen Rotkehlchen, Ringeltaube, Kohl- und Blaumeise vor, aber auch seltenere Vögel wie Neuntöter, Wachtelkönig und Steinschmätzer. Im Rahmen des Erprobungs- und Entwicklungsvorhabens »Halboffene Weidelandschaft Höltigbaum« des Bundesamtes für Naturschutz und der Stiftung Naturschutz Schleswig-Holstein sind 220 Hektar des Areals schottischen Hochlandrindern und Heidschnucken vorbehalten. Diese genügsamen »Öko-Rasenmäher« weiden dort das ganze Jahr über. Sie sollen den immer wieder aufkommenden Bewuchs niedrig halten, damit die Landschaft nicht von Buschwerk oder Birkenwäldchen überwachsen wird.

**NEUNTÖTER** (Lanius collurio) [KENNZEICHEN] Länge 16–18 Zentimeter; rotbrauner Rücken, hellgrauer Scheitel und auffallende schwarze Augenmaske, das Weibchen insgesamt weniger kontrastreich gefärbt. Die Spitze des Oberschnabels zeigt hakig gebogen nach unten. [STIMME] In den leisen und entfernt an den Sumpfrohrsänger erinnernden Gesang sind Imitationen anderer Vogelstimmen eingemischt. Er ist nur selten zu hören. Besonders in Erregung auch kurze heisere und raue Rufe wie »wäw« und »tschäk«. [LEBENSRAUM] Offene und halb offene Landschaften mit Gebüschen, Hecken und Einzelbäumen. [SONSTIGES] Zugvogel mit Winterquartieren bis hinunter nach Südafrika, von Mai bis August bei uns. In Hamburg recht selten.

*Neuntöter*

Von der stark befahrenen Straße Höltigbaum her passieren wir am Eichberg ein größeres Hundeauslaufgebiet. Es wurde eingerichtet, um die bewegungsfreudigen Vierbeiner von Ausflügen ins Schutzgebiet abzuhalten. Wo der Asphalt endet, der Weg nach links führt und leicht ansteigt, steht das »Haus der Wilden Weiden«. Dort kann man Näheres über das Naturschutzgebiet erfahren. Jetzt bringen sich die Vögel in Erinnerung. In geschwindem Wellenflug fliegt eine Bachstelze über uns hinweg. Durch das Knirschen unserer Schritte auf dem sandigen Weg hören wir auch ihren Flugruf: »zilipp«. Und aus einem Weißdorn- und Heckenrosen-Gestrüpp in der Nähe lässt die Klappergrasmücke ihr eintöniges Klappern vernehmen. In einiger Entfernung vor uns hat sich auf einem Pfahl der Weidegebiet-Einzäunung ein **NEUNTÖTER** niedergelassen. Durch das Glas sehen wir deutlich seine schwarze Banditenmaske. Er scheint einen größeren Käfer im Schnabel zu halten. Allzu nah lässt er uns nicht herankommen, fliegt ab und verschwindet im Laub eines Weißdorns. Vermutlich spießt er nun seine Beute auf einen Dorn, um sie später zu verspeisen. Der Neuntöter ist bekannt für diese Art Vorratswirtschaft. Etwas größere Beute, wozu auch Eidechsen und Mäuse gehören können, klemmt er wohl auch in Zweiggabeln. Hat er seine Beute auf diese Weise fixiert, kann er sie besser zerkleinern. Seinen Namen verdankt er der einstigen Annahme, er müsse erst neun Beutetiere beisammenhaben, bevor er sich darüber hermacht. Wenn der Neuntöter längst in den Süden gezogen ist, stellt sich vielleicht auch einmal sein größerer Vetter, der Raubwürger, am Höltigbaum als Wintergast ein.

Über einer Wiese mit allerlei duftend blühenden Wildkräutern tanzen Schmetterlinge in der lauen Luft: Bläulinge, Dickkopffalter, Landkärtchen, Ochsenauge, Admiral, Tagpfauenauge, Kleiner Fuchs … In einem Traubenkirschenstrauch turnt ein Schwanzmeisenpaar, ein paar Schritte weiter huscht eine Zauneidechse in Deckung, die sich am Wegrand von der Sonne hat wärmen lassen. Quer über den Weg hastet ein dunkelbrauner Laufkäfer und verschwindet im Gras des Wegrains. Rechts im Weidegelände singt ein **GELBSPÖTTER** sein auffälliges, anscheinend nicht enden wollendes Lied, mal melodiös und harmonisch, mal in dissonantisch »schrägen« Tönen. Der Gesang kommt von einer kleinen Baumgruppe her, und bei genauerem Hinsehen entdecken wir den Vogel, wie er im Gezweig einer Eiche singend umherhüpft. Manchmal leuchtet sein gelbes Brustgefieder hell auf, wenn ihn ein Sonnenstrahl trifft. Der Gelbspötter ist für seine gekonnten Imitationen der Stimmen anderer Vögel bekannt, und tatsächlich hören wir jetzt den Ruf der Blaumeise und gleich darauf das »pickwerwick« der Wachtel heraus. Bei einer nicht zu identifizierenden Lautfolge haben wir den Verdacht, er könnte sie in seinem afrikanischen Winterquartier einem dort lebenden Vogel abgelauscht haben. Mit diesem Spotten, das ihm den Namen eingetragen hat, steht er in der Vogelwelt keineswegs alleine: Rohrsänger, Stare, Eichelhäher und Singdrossel, um nur einige zu nennen, sind auch groß darin.

*Gelbspötter*

**GELBSPÖTTER** (Hippolais icterina) [KENNZEICHEN] Länge 12–13,5 Zentimeter; Brust und Bauch hellgelb, Rücken graugrün. [STIMME] Lauter, lang anhaltender, vielseitig variierter Gesang aus teils melodischen, teils auch misstönigen Motiven mit häufiger Motivwiederholung und vielen Imitationen anderer Vogelstimmen. Beim Singen huscht der Vogel emsig von Zweig zu Zweig. [LEBENSRAUM] Gärten, Parks, Friedhöfe, lichte Wälder, landwirtschaftlich genutzte Regionen mit Feldgehölzen. [SONSTIGES] Zugvogel, von Mai bis August bei uns. In Hamburg vor allem an den Rändern des Stadtgebiets zu beobachten; früher waren auch manche innerstädtische Garten- und Parkareale besiedelt.

*Feldschwirl*

Wo uns der Weg über eine der alten betonierten Versorgungsstraßen hinwegführt, kommt unübersehbar der Telekom-Sendemast in den Blick. Zwei Rabenkrähen fliegen unausgesetzt Angriffe auf einen Mäusebussard, bis der wehrhafte Greifvogel entnervt das Weite sucht. Der Sieg über den Feind wird mit triumphierendem Gekrächze gefeiert. Wieder auf dem Sandweg, schauen wir links auf den von Erlen und Weiden dominierten Bruchwald, der den Wandselauf begleitet und auch den Mönchsteich verbirgt. Rechts erstreckt sich eine Grasflur mit vereinzelten Buschgruppen. Dort hält sich ein **FELDSCHWIRL** versteckt. Wir können nach dem Gehör ungefähr seinen Standort lokalisieren, sehen ihn aber nicht. Typisch für den unscheinbar grau gefiederten Vogel, denn er hält sich überwiegend am Boden auf, wo ihm Gras, Kräuter und Stauden Deckung bieten. Gelegentlich nur sucht er sich einen etwas kräftigeren Stängel als Singwarte und ist dann auch einmal zu sehen. Unser Feldschwirl jedoch zieht es vor, vom Boden aus zu singen. So bleibt uns nur der Eindruck seines Gesangs: ein langanhaltendes Schwirren, das leise einsetzt und allmählich lauter wird. Wer sich mit Vogelstimmen noch nicht so gut auskennt, könnte eine Grille oder eine Heuschrecke für den Urheber halten. Im unmittelbar benachbarten Stellmoorer Tunneltal brütet der Schlagschwirl, ein größerer

**FELDSCHWIRL** (Locustella naevia) [KENNZEICHEN] Länge 12,5–13,5 Zentimeter; unauffällig graubraun. [STIMME] Gesang: ein weit zu hörender, lang anhaltender schwirrender Ton, der an Grillen oder Heuschrecken denken lässt. [LEBENSRAUM] Offenes Gelände mit dichter Krautvegetation, feuchte Wiesen mit Gebüschen und Stauden, außerdem Heideflächen. [SONSTIGES] Zugvogel, von April/Mai bis August/September bei uns. Gut zu hören, aber schwer zu Gesicht zu bekommen, da versteckt in Bodennähe lebend.

Verwandter. Sein Gesang ist lauter als der des Feldschwirls und nicht so gleichförmig, sondern durch kleine Intervalle rhythmisch gegliedert.
Bald endet der Sandweg an einer weiteren befestigten Straße. Nun geht es nach rechts. Auf der Suche nach dem Aussichtspunkt, den die Karte der Behörde für Umwelt und Energie empfiehlt, halten wir uns an der nächsten Wegkreuzung links und gelangen bald an eine erhöhte Fläche mit Rundumblick. Nach Südosten hin schaut man in den schleswig-holsteinischen Teil des Schutzgebiets Höltigbaum. Hier brüten Feldlerchen, von denen sich aber in diesem Moment keine sehen lässt. Unverdrossen gehen wir vom »Feldherrnhügel« zurück zur Straße und weiter in Richtung unseres Ausgangspunkts. Wir begegnen nicht nur Inline-Skatern und Radfahrern, sondern hören plötzlich doch noch das Lied einer **FELDLERCHE**. Hoch oben in der Luft scheint sie immer weiter aufsteigen und mit ihrem Tirilieren nie aufhören zu wollen. Diese Lerche hat sich offenbar auf dem Gelände des Beweidungsprojekts einen Nistplatz gesucht. Wir sehen auch, wie sie zuerst langsam gleitend, zum Schluss verstummend und einem Stein

*Feldlerche*

**FELDLERCHE** (Alauda arvensis) [KENNZEICHEN] Länge 16–18 Zentimeter; Gefieder oben graubraun mit schwärzlicher Strichelung, am Bauch weißlich. Die Kopfhaube ist nicht so stark ausgeprägt wie bei der Haubenlerche. [STIMME] Typisches Tirilieren beim Singflug des Männchens. Vielfältige Motive werden klangschön, ausdauernd und weithin hörbar vorgetragen; gelegentlich kürzere Gesänge am Boden oder von niedriger Warte aus. Der Gesang ist vielfach schon im Februar und selbst noch im November zu hören. [LEBENSRAUM] Offenes Gelände wie Wiesen, Viehweiden, Äcker, Moorgebiete und Heiden. [SONSTIGES] Ein Teil der Feldlerchen zieht im September/Oktober fort und kehrt im Februar/März zurück, die übrigen bleiben hier. Als Liebhaber weiter, einsehbarer Flächen haben sich die Vögel sogar den Hamburger Flughafen als Lebensraum gewählt.

gleich fallend zum Boden zurückkehrt. Dort ist vermutlich ihr Nest im Gras versteckt.

Bevor wir unsere schöne Wanderung beenden, beschert uns schließlich ein **TURMFALKE** noch eine tolle Beobachtung. Er steht rüttelnd in der Luft. Dabei bewegt er seine schlanken, spitz zulaufenden Flügel sehr schnell auf und ab und hat seine langen Schwanzfedern zur Stabilisierung weit auseinandergespreizt. Mit seinen scharfen Augen sucht der Turmfalke, auch Rüttelfalke genannt, den Boden nach Fressbarem ab. Schon im nächsten Augenblick stößt er im Sturzflug blitzschnell auf seine Beute herab. Was er gefangen hat, können wir nicht erkennen. Auf dem Speisezettel des Turmfalken stehen Mäuse, aber auch Eidechsen, Insekten und Kleinvögel.

*Turmfalke*

**TURMFALKE** (Falco tinnunculus) [KENNZEICHEN] Länge 31–37 Zentimeter; lange, spitze Flügel und langer Schwanz. Männchen und Weibchen sind unterschiedlich gefärbt. So hat das Männchen einen grauen Kopf, das Weibchen einen rotbraunen. [STIMME] Oft zu hören ist eine Reihe hoher und lauter Töne: »kikikikiki…«. [LEBENSRAUM] Als ursprünglicher Felsbewohner hat der Turmfalke schon vor einigen Jahrhunderten die Stadt als zusätzlichen Lebensraum erobert. Dort brütet der Kulturfolger gern in Mauernischen höherer Gebäude, etwa Kirchen, Hochhäusern oder Fabriken. [SONSTIGES] Als Jahresvogel das ganze Jahr über zu beobachten. Durch Anbringen spezieller Nistkästen können neue Brutmöglichkeiten geschaffen werden. So eine Nisthilfe befindet sich beispielsweise an der Michaelis-Kirche in Hamburg-Neugraben, wo ein Turmfalken-Paar im Jahr 2016 drei Junge großziehen konnte

### HIER VORKOMMENDE BRUTVÖGEL

*Amsel, Bachstelze, Baumpieper, Blaumeise, Bluthänfling, Buchfink, Buntspecht, Dorngrasmücke, Eichelhäher, Elster, Fasan, Feldlerche, Feldschwirl, Feldsperling, Fitis, Gartenbaumläufer, Gartengrasmücke, Gartenrotschwanz, Gelbspötter, Gimpel, Goldammer, Grauschnäpper, Grünfink, Heckenbraunelle, Kernbeißer, Klappergrasmücke, Kohlmeise, Kuckuck, Mäusebussard, Misteldrossel, Mönchsgrasmücke, Nachtigall, Neuntöter, Rabenkrähe, Ringeltaube, Rohrammer, Rotkehlchen, Schwanzmeise, Schwarzkehlchen, Singdrossel, Sprosser, Star, Steinschmätzer, Stieglitz, Stockente, Sumpfmeise, Sumpfrohrsänger, Tannenmeise, Trauerschnäpper, Türkentaube, Turmfalke, Wachtelkönig, Waldbaumläufer, Waldohreule, Wanderfalke, Weidenmeise, Wendehals, Wespenbussard, Wiesenpieper, Wiesenschafstelze, Wintergoldhähnchen, Zaunkönig, Zilpzalp.*

### TIPPS

*➔ Näheres zum Naturschutzgebiet Höltigbaum ist im Haus der Wilden Weiden der Stiftung »Natur im Norden« am Eichberg 63 zu erfahren, www.hoeltigbaum.de, Telefon (040) 180 448 601 0. Öffnungszeiten April bis Oktober: Donnerstag und Freitag 14 bis 18 Uhr, Samstag, Sonntag und an Feiertagen 11 bis 18 Uhr. November bis März: Samstag, Sonntag und an Feiertagen 11 bis 16 Uhr. ➔ Das »Haus der Wilden Weiden« bietet viele naturkundliche Veranstaltungen an, darunter auch mehrere vogelkundliche Führungen. ➔ Auch der NABU veranstaltet vogelkundliche Führungen, www.hamburg.nabu.de, Telefon (040) 697 089 0. ➔ Eine gute Gebietskarte hat die Behörde für Umwelt und Energie herausgegeben, www.hamburg.de/bue/, Telefon (040) 428 403 416.*

### EIGENE BEOBACHTUNGEN

## TROMMELT NICHT NUR AUF HOLZ – DER BUNTSPECHT

Die Schule ist aus, der Schulhof liegt verlassen. Ganz still ist es aber nicht. Vom Schulhaus her sind immer wieder kurze, scharfe Trommelwirbel zu hören. Übt da vielleicht noch der Schlagzeuger der Schülerband und versucht, seine Schlagfrequenz zu verbessern? Handelte es sich um ein Trommelgeräusch auf Holz, wäre der Fall ja klar: ein Buntspecht an einem Baumstamm oder Ast. Aber der Sound ist viel zu metallisch. Der Urheber sitzt auf dem Schuldach und entpuppt sich als amselgroßer Vogel: Ein Buntspecht klammert sich an den Rand des Sirenenhuts und hämmert hingebungsvoll auf das Blech ein. In dieser Umgebung mit allenfalls ein paar Straßenbäumen sollte man ihn gar nicht vermuten. Sein Revier sollte er eigentlich eher im etwa einen halben Kilometer entfernten Stadtpark haben.

Angestammter Lebensraum des Buntspechts sind Misch-, Laub- und Nadelwälder. Städtische Gärten und Parks mit altem Baumbestand kommen seinem Ideal nahe genug, sodass er sich längst auch in den Städten angesiedelt hat. Er ist sogar in innenstadtnahen Grünanlagen anzutreffen wie beispielsweise in den Hamburger Wallanlagen und im Englischen Garten in München. Hauptsache, er findet ausreichend Bäume vor, denn die bieten ihm fast alles, was er zum Leben braucht. Er findet dort Quartier und Nahrung. Mit sicherem Gespür erkennt er morsche und kernfaule Bäume, in die er eine Nisthöhle hineinmeißeln kann. Diese Arbeit, die ihn wochenlang beschäftigt, nimmt er jedes Jahr von Neuem auf sich. Verlassene Spechthöhlen bleiben nicht lange leer, denn sie werden gern von anderen Vögeln wie etwa von Staren und Meisen, doch auch von Fledermäusen und Siebenschläfern als Wohnung genutzt.

Bäume versorgen den Buntspecht auch mit Nahrung. Er hackt Borke und Holz auf, um an Insekten und ihre Larven heranzukommen. Seine lange, dünne, klebrige Zunge hat an der Spitze kleine Widerhaken. Er kann

*Buntspecht*

sie in Baumlöcher stecken und Insektenlarven wie mit einer Harpune aufspießen. Als guten Tropfen schätzt er den im Frühjahr aufsteigenden Baumsaft. Um den Stamm herum pickt er zahlreiche kleine Löcher hinein und trinkt vom austretenden zucker- und eiweißreichen Saft. So erhält der Stamm eine »Ringelung«. Der findige Vogel benutzt den Baum auch als Werkbank. Will er Hasel- und Walnüsse öffnen oder die Samen in Koniferenzapfen freilegen und herauspicken, benutzt er eine passende Baumspalte als Zwinge. Eventuell hackt er auch noch etwas Holz weg, damit sie passt. Mithilfe dieser »Spechtschmiede« gelingt es ihm, auch die härteste Nuss zu knacken.

Der Buntspecht ist hervorragend an seine Funktion als Trommler und Zimmermann des Waldes angepasst. Sein Hauptwerkzeug ist der kräftige Meißelschnabel. Um damit Holz zum Splittern zu bringen, ist eine gehörige Krafteinwirkung nötig. Deshalb ist die Nackenmuskulatur entsprechend stark entwickelt. Das Gehirn nimmt keinen Schaden durch die Wucht der Schläge, weil es in genügend Hirnflüssigkeit gebettet ist. Die Muskelstärke und die Stoßdämpfung erlauben dem Buntspecht, sehr viele Schläge in rascher Folge auszuführen. Die typischen Trommelwirbel sind ein Verständigungsmittel neben verschiedenen Lauten wie insbesondere dem häufig zu hörenden »kick«. Trommelnd machen die Männchen auf ihr Revier aufmerksam und locken Weibchen an. Haben die Paare zueinandergefunden, halten sie mit ihrem Trommeln akustisch Kontakt.

Der Wirbel eines Männchens besteht im Durchschnitt aus fünfzehn Schlägen im Zeitraum von 0,6 Sekunden. Auf eine Minute hochgerechnet, wären das 1500 »Beats per minute« ... Wovon ein Techno-Musiker nur träumen kann.

Ein paar Tage nach der Beobachtung auf dem Schulhof: Im Stadtpark macht sich ein Buntspecht bemerkbar, der hüpfend am Stamm einer Eiche emporklettert und viel besser zu sehen ist als der Blechtrommler auf dem Schuldach. Dieser hier klammert sich an der Borke fest und stützt sich mit seinen steifen Schwanzfedern nach unten ab. Bei seinen Kletterfüßen sollten zwei Krallen nach vorne und zwei nach hinten gerichtet sein. Eine unauffällige Annäherung, um den kontrastreich gefärbten Vogel mit dem schwarzen Rücken, dem weißlichen Bauch und den schwarzweißen Flügeln noch genauer zu sehen, ergibt: Es handelt sich um ein Männchen. Das lässt sich an den roten Federn am Hinterkopf erkennen. Aber auch der Specht hat seinen Beobachter entdeckt und versteckt sich flugs hinter dem Stamm. Wenig später lugt er vorsichtig um den Stamm herum, um zu kontrollieren, ob er noch immer beobachtet wird. Dass dem so ist, scheint ihm nicht zu passen. Er schwingt sich in die Luft und macht sich in wellenförmigem Flug davon. Vielleicht zieht es ihn ja wieder zur Sirene auf dem Schuldach – oder er will seine Trommelkünste an Fernsehantennen, Regenrohren und blechernen Dachabdichtungen erproben.

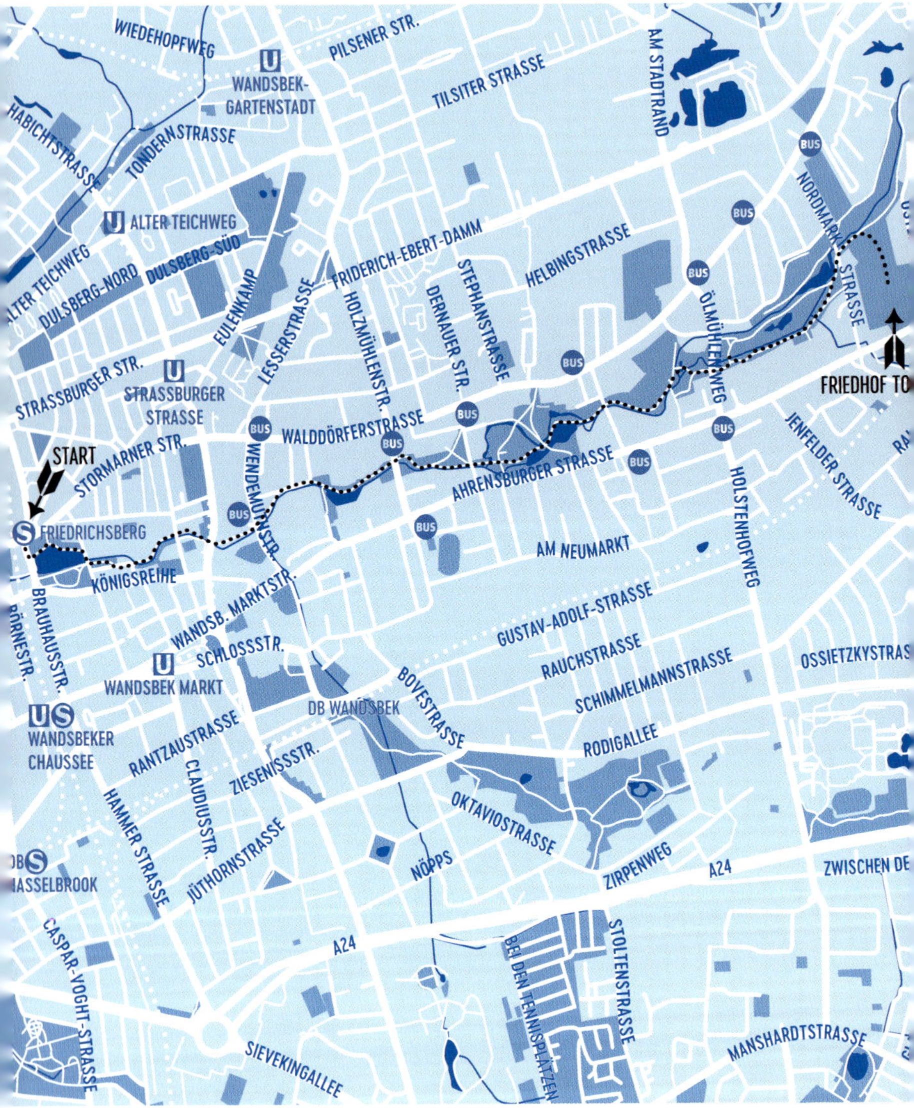

WIEDEHOPFWEG
WANDSBEK-GARTENSTADT
PILSENER STR.
TILSITER STRASSE
AM STADTRAND
HABICHTSTRASSE
TONDERNSTRASSE
NORDMARKSTRASSE
ALTER TEICHWEG
FRIEDRICH-EBERT-DAMM
HELBINGSTRASSE
ALTER TEICHWEG
DULSBERG-NORD
DULSBERG-SÜD
EULENKAMP
LESSERSTRASSE
HOLZMÜHLENSTR.
DERNAUER STR.
STEPHANSTRASSE
ÖLMÜHLENWEG
STRASSBURGER STR.
STRASSBURGER STRASSE
FRIEDHOF TO
WALDDÖRFERSTRASSE
JENFELDER STRASSE
START
STORMARNER STR.
WENDEMUTHSTR.
AHRENSBURGER STRASSE
HOLSTENHOFWEG
FRIEDRICHSBERG
KÖNIGSREIHE
AM NEUMARKT
WANDSB. MARKTSTR.
GUSTAV-ADOLF-STRASSE
BRAUHAUSSTR.
RÖRNESTR.
SCHLOSSSTR.
WANDSBEK MARKT
RAUCHSTRASSE
BOVESTRASSE
SCHIMMELMANNSTRASSE
OSSIETZKYSTRAS
WANDSBEKER CHAUSSEE
DB WANDSBEK
RANTZAUSTRASSE
RODIGALLEE
ZIESENISSSTR.
CLAUDIUSSTR.
HAMMER STRASSE
OKTAVIOSTRASSE
JÜTHORNSTRASSE
NÖPPS
ZIRPENWEG
A24
ZWISCHEN DE
DB HASSELBROOK
CASPAR-VOGHT-STRASSE
A24
BEI DEN TENNISPLÄTZEN
STOLTENSTRASSE
SIEVEKINGALLEE
MANSHARDTSTRASSE

# WANDSE-WANDERWEG

Der Wandse-Wanderweg im Bezirk Wandsbek liegt in einem besonders schönen Abschnitt der Wandse. Dort lädt der schlängelnd verlaufende Fluss mit seinen unterschiedlichen Grünanlagen, Parks und einigen ökologisch sehr wertvollen Feuchtflächen den Naturfreund zu einer erholsamen und abwechslungsreichen Wanderung ein. Mit einer Länge von rund zwanzig Kilometern ist die Wandse der längste Nebenfluss der Alster. Sie entspringt westlich der Ortschaft Siek in Schleswig-Holstein und fließt in südwestlicher Richtung bis zur Mündung am Schwanenwik an der Außenalster. Doch nicht nur der Naturfreund kommt am Wandse-Wanderweg auf seine Kosten. Auch für den geschichtlich Interessierten hat dieser einiges zu bieten. So wurde die Wandse seit dem Beginn des Spätmittelalters wegen ihres relativ starken Gefälles zum Antrieb von Wassermühlen genutzt. Reichte die Kraft des Wassers nicht aus, wurde der Fluss aufgestaut, umgeleitet oder begradigt. Noch heute erinnern die Namen »Wandsbeker Mühlenteich« und »Holzmühlenteich« an den mittlerweile eingestellten Mühlenbetrieb.

*Der Wandse-Wanderweg führt die Wandse entlang vom Wandsbeker Mühlenteich bis zum Pulverhofpark in Rahlstedt. (Beschrieben wird hier die Strecke zwischen dem Wandsbeker Mühlenteich und dem Friedhof Tonndorf). S-Bahn (S1, S11) bis Friedrichsberg; Buslinie 9, Haltestelle Friedhof Tonndorf. Parkplätze um den S-Bahnhof Friedrichsberg und im Friedhof Tonndorf.*

## WO DER EISVOGEL LEBT

Jogger, Radfahrer, spielende Kinder: Viele Menschen nutzen die Natur entlang der Wandse für Freizeit und Erholung. Aber auch der vogelkundlich Interessierte wird nicht enttäuscht. Über fünfzig Brutvogelarten sind am Wandse-Wanderweg zu Hause. Neben häufigen Vögeln wie Amsel und Kohlmeise kann der aufmerksame Beobachter manchmal auch seltenere Arten wie Gebirgsstelze und Habicht sehen. Besonders die Parks mit ihrem alten Baumbestand und noch mehr die naturnahen Feuchtflächen bieten ein interessantes Vogelleben. Besucht der Wanderer den Eichtalpark, kann er auf den Eichtalteichen Blässhühner und andere Wasservögel beobachten oder einen Gartenbaumläufer am Stamm einer alten Eiche entdecken. Kommt er in den Botanischen Sondergarten, erfreuen ihn die Rufe und Gesänge von Singvögeln wie Rotkehlchen oder Buchfink. Vielleicht sieht er auch einen Mäusebussard. Und weiter flussaufwärts, in den naturnahen Feuchtwiesen mit Erlenbruchwald und Röhricht, entdeckt der Vogelfreund mit etwas Glück sogar den schönen Eisvogel, der wegen seiner bezaubernden Farben auch »Fliegender Edelstein« genannt wird. Dieser exotisch aussehende Vogel ist ein Höhlenbrüter und stellt ganz besondere Ansprüche an seinen Lebensraum. Er braucht steile Ufer, in die er seine Brutröhre graben kann und sauberes Wasser mit vielen kleinen Fischen, seiner Lieblingsnahrung. Dass sich der Eisvogel an der Wandse angesiedelt hat, ist vielen Naturfreunden, besonders den Mitgliedern der NABU-Gruppe Wandsbek, zu verdanken. In zahlreichen Arbeitseinsätzen vor Ort haben die Ehrenamtlichen einen Teil der Wandse wieder in ihren naturnahen Zustand zurückversetzt.

Es ist ein schöner Tag Anfang Mai, an dem wir der Vogelwelt am Wandse-Wanderweg unseren Besuch abstatten. Vom S-Bahnhof Friedrichsberg ist es ein Katzensprung bis zum Wandsbeker Mühlenteich. Wir müssen nur eine große Straßenkreuzung überqueren. Kaum sind wir angekommen, begrüßen uns schon die ersten Vögel mit ihren Gesängen. Ein Zaunkönig schmettert seine lauten Strophen, ein Rotkehlchen lässt sein wehmütiges Stimmchen erklingen, eine Amsel flötet ihr melodisches Lied. Plötzlich hören wir über uns die gackernden Rufe dreier Graugänse, die im nächsten Moment mit lautem Klatschen auf dem Wasser landen. Dort schwimmen Blässhühner und viele Stockenten. Zwei Stockenten fallen uns besonders auf. Sie sehen ganz anders aus als ihre Artgenossen. Bis auf die weiße Brust ist ihr Gefieder fast schwarz. Man spricht hier von Fehlfarben. Eine Ursache kann die Kreuzung mit Hausenten sein. Jetzt führt uns ein **HAUBENTAUCHER**-Paar ein kleines Schauspiel vor. Es schwimmt recht schnell mit abgespreizten Federhauben aufeinander zu. Die Partner haben Wasserpflanzen im Schnabel. Dann richten sich die beiden Brust an Brust auf, indem sie kräftig mit ihren Füßen paddeln. Dabei drehen Männchen und Weibchen immer wieder ihre Köpfe oder schütteln sie. Auf diese Weise präsentieren die Partner das Material für den Bau ihres Nestes. Wir sind gerade Zeugen der sogenannten Pinguin-Pose geworden. Sie ist ein besonders spektakulärer Teil der Haubentaucher-Balz.

*Haubentaucher*

**HAUBENTAUCHER** (Podiceps cristatus) [**KENNZEICHEN**] Länge 46–51 Zentimeter; der etwa stockentengroße Vogel ist schlank und hat einen langen Hals. Im Prachtkleid fällt seine rotbraun und schwarz gefärbte Federhaube auf, die sich bei Erregung aufrichtet. [**STIMME**] Im Frühjahr laute Balzrufe: ein kräftig rollendes »krrra-ahrr«. [**LEBENSRAUM**] Stehende und langsam fließende Gewässer, möglichst mit kleinen Schilfsäumen. [**SONSTIGES**] Zählt in Hamburg neben Stockente, Bläss- und Teichhuhn zu den häufigsten Wasservögeln. Der Bestand ist in den letzten Jahren gewachsen.

*Grünspecht*

Jetzt geht es flussaufwärts weiter, mal auf der einen Seite der Wandse, mal auf der anderen. Ein Geruch von Hefe – er kommt von den Deutschen Hefewerken an der Wandsbeker Zollstraße – erinnert uns daran, dass dieser Stadtteil auch ein wichtiger Industrie- und Gewerbestandort ist. Auf dem Holzmühlenteich schwimmen einige Reiherenten, und auf einem Stauwehr entdecken wir eine Gebirgsstelze. Sie ist viel seltener als die Bachstelze. Nun erreichen wir den Eichtalpark. Hier wachsen zehn verschiedene Eichenarten. Auch exotische wie die Libanon-Eiche und die Färber-Eiche sind dabei. Ein lautes »Lachen« lässt uns stehen bleiben. Woher kommt es? Da sehen wir den »Witzbold«. Er hüpft auf dem Rasen und scheint nach etwas zu suchen. Wir schauen durchs Fernglas: Es ist ein **GRÜNSPECHT**. Mit seinem kräftigen Schnabel hackt er Löcher in den Boden, um dann mit seiner zehn Zentimeter langen, klebrigen Zunge Ameisen (die frisst er besonders gern) herauszuziehen. Da der Grünspecht viel mehr Zeit am Boden verbringt als andere Spechte, wird er manchmal auch Erdspecht oder Grasspecht genannt. Jetzt geht es im wellenförmigen Flug zum nächsten Baumstamm. Zum Brüten

**GRÜNSPECHT** (Picus viridis) [KENNZEICHEN] Länge 30–36 Zentimeter; grüne Oberseite, roter Scheitel, gelbgrüner Bürzel. Das Männchen hat einen schwarz umrandeten roten Wangenfleck, beim Weibchen ist er ganz schwarz. [STIMME] Fällt besonders durch seinen lauten Reviergesang auf: ein lachendes »klü, klü, klü …«. [LEBENSRAUM] Laub- und Mischwälder, Gärten und Parks mit alten Bäumen. Wichtig sind Rasenflächen. Dort findet der Grünspecht seine Lieblingsnahrung: Ameisen. [SONSTIGES] Jahresvogel. Der Hamburger Bestand hat in den letzten Jahren zugenommen: 2001 gab es 120 Brutpaare, 2012 wurden 160 Brutpaare gezählt.

*Kernbeißer*

zieht der Grünspecht gern in eine bereits bestehende Baumhöhle. Muss er sie selbst zimmern, sucht er sich alte Bäume mit morschem Holz.
Wir spazieren an den Eichtalteichen vorbei. In einer Weide sind einige Schwanzmeisen unterwegs, und am Ufer steht ein Graureiher. Gebannt schaut er aufs Wasser und wartet auf einen leckeren Fisch. Nach einiger Zeit gelangen wir in den Botanischen Sondergarten. Er wurde ursprünglich als Schulgarten angelegt. Auch heute können hier Kinder wie Erwachsene Interessantes über die Pflanzenwelt erfahren. Über uns fliegen einige Ringeltauben, und oben in einer Birke erfreut uns ein Grünfink mit seinem klingelnden Gesang. Wir genießen noch ein wenig den schön angelegten Garten mit seinen farbenprächtigen Beeten und gehen dann weiter zum kleinen Fischers Park.
Hier wachsen verschiedene exotische Gehölze wie der Amerikanische Amberbaum oder der Japanische Schnurbaum. Auf der Spitze eines hohen Urweltmammutbaums aus China sitzt ein Vogel. Jetzt hören wir ein kurzes, scharfes »zicks«. Da ruft ein **KERNBEISSER**, der größte bei uns lebende Finkenvogel. Deshalb wird er manchmal auch Finkenkönig genannt. Im Fernglas fällt sein mächtiger dunkelgrauer Schnabel auf. Damit kann der

**KERNBEISSER** (Coccothraustes coccothraustes) [**KENNZEICHEN**] Länge 16,5–18 Zentimeter; größter Fink. Sehr kräftiger, dreieckiger Schnabel und kurzer Schwanz. Wenn er fliegt, fallen seine breiten weißen Flügelstreifen und die weiße Schwanzspitze auf. [**STIMME**] Ruft kurz und scharf »zicks«. Der leise Gesang ist nur selten zu hören. [**LEBENSRAUM**] Laub- und Mischwälder mit alten, hohen Bäumen. Auch Friedhöfe, Parks und größere Gärten mit höheren Laubbäumen. [**SONSTIGES**] In Hamburg vor allem in größeren Waldgebieten wie etwa dem Wohldorfer Wald oder den Harburger Bergen zu finden. Einzelvorkommen beispielsweise im Wandsetal und in den Wallanlagen.

*Eisvogel*

Kernbeißer mühelos einen harten Kirschkern aufknacken, um an die Samen zu gelangen. Dazu dreht er den Kern mit der Zunge im Schnabel so lange, bis die dünnste Nahtstelle oben liegt. Dann knackt er den Kern und holt die Samen mit seiner Zunge heraus. Will ein Ornithologe einen Kernbeißer in die Hand nehmen, um ihn zu beringen, muss er sehr vorsichtig sein. Sonst beißt der Vogel so fest zu, dass es blutet. Der kräftige Schnabel dieses Finken kann nämlich einen Druck von bis zu fünfzig Kilogramm ausüben.

Wir überqueren den Ölmühlenweg. Dort befindet sich noch ein ehemaliges Mühlengebäude, das heute als Studentenwohnheim genutzt wird. Vorbei geht es an zwei kleineren, miteinander verbundenen Teichen. Früher war hier einmal eine Flussbadeanstalt. Jetzt hat sich die Natur wieder ausgebreitet. Wir sehen Schilfröhricht an den Ufern. Außerdem wachsen dort Erlen, Pappeln und Weiden. Auf dem Wasser schwimmen zwei Höckerschwäne. Die Stimme einer Sumpfmeise ist zu hören und der nicht enden wollende Gesang eines Sumpfrohrsängers. Er sitzt versteckt in einem Brombeerbusch. Dieser unscheinbare Piepmatz kann die Stimmen vieler anderer Vogelarten hervorragend imitieren.

**EISVOGEL** (Alcedo atthis) [KENNZEICHEN] Länge 17–19,5 Zentimeter; ein spatzengroßer, farbenprächtiger Vogel mit winzigen Beinen, kurzem Schwanz und langem, kräftigen Schnabel. Von oben zeigt das Gefieder je nach Lichteinfall verschiedene Blautöne, etwa blaugrün oder türkisfarben. Von unten leuchtet es rostrot. [STIMME] Macht mit kurzem und scharfem Pfiff auf sich aufmerksam. [LEBENSRAUM] Teiche, Bäche und kleine Flüsse. Baut seine Niströhre bevorzugt in natürliche Abbruchufer, brütet aber auch in künstlichen Nisthilfen. [SONSTIGES] Schwerpunkt der Verbreitung in Hamburg entlang des Alsterlaufs im Norden der Stadt. Durch Renaturierung eines Teils des Wandselaufs durch den NABU brütet der Eisvogel seit einigen Jahren auch dort.

*Mäusebussard*

Jetzt erreichen wir ein etwas größeres Gewässer, den Nordmarkteich. Da! Ein blauer Blitz flitzt dicht über dem Wasser in gerader Flugbahn auf die gegenüberliegende Seite zu. Es ist ein **EISVOGEL**, der »Fliegende Edelstein«. Wir entdecken ihn auf einem Weidenzweig, der dicht über dem Teich hängt. Plötzlich stürzt sich der kleine Geselle kopfüber fast senkrecht ins Wasser, um im nächsten Moment mit einem Fischlein im Schnabel wieder aufzutauchen und zu seiner Sitzwarte zurückzufliegen. Der Eisvogel ist ein Stoßtaucher. Er kann bis zu einem Meter tief tauchen. Das ganze Fangmanöver geht blitzschnell und dauert nur zwei bis drei Sekunden. Doch manchmal ist es gar nicht so einfach für den Eisvogel, Fische zu fangen. Da er bei uns überwintert, hat er bei strengem Frost große Probleme, an seine Nahrung zu kommen, denn dann sind viele Gewässer zugefroren. Und so gehen nach sehr kalten Wintern die Bestände der Eisvögel zurück. Unser Eisvogel ist so wunderschön, dass wir uns gar nicht von seinem Anblick trennen mögen. Endlich saust er davon und stößt dabei mehrmals einen kurzen scharfen Pfiff aus.

Langsam geht unsere Vogelwanderung ihrem Ende zu. Doch als wir über den Tonndorfer Friedhof zur Bushaltestelle wollen, machen wir noch eine

**MÄUSEBUSSARD** (Buteo buteo) [KENNZEICHEN] Länge 48–56 Zentimeter; häufigster Greifvogel. Das Weibchen ist etwas größer als das Männchen. Variable Gefiederfärbung von dunkelbraun bis fast weiß. Kreist häufig mit miauenden Rufen im Aufwind. [STIMME] Sehr stimmfreudig. Sein lautes, miauendes »piijäh« wird manchmal vom Eichelhäher nachgeahmt. [LEBENSRAUM] Waldränder, Feldgehölze, aber auch einzelne größere Bäume. [SONSTIGES] In den letzten dreißig Jahren hat der Bestand des Mäusebussards in Hamburg erheblich zugenommen.

spannende Beobachtung. Ein **MÄUSEBUSSARD** ruft. Oder ist es ein Eichelhäher, der diesen Greifvogel nachahmt? Wir schauen nach oben und sehen den Mäusebussard in der Luft kreisen. Plötzlich kommen zwei Rabenkrähen angeflogen und attackieren ihn. Vielleicht haben die cleveren Krähen ja sogar Freude daran, den armen Bussard zu ärgern. Der allerdings versteht überhaupt keinen Spaß und fliegt von dannen.

### HIER VORKOMMENDE BRUTVÖGEL

*Amsel, Bachstelze, Blässhuhn, Blaumeise, Buchfink, Buntspecht, Eichelhäher, Eisvogel, Elster, Feldsperling, Fitis, Gartenbaumläufer, Gartengrasmücke, Gartenrotschwanz, Gebirgsstelze, Gimpel, Graugans, Grauschnäpper, Grünfink, Grünspecht, Habicht, Haubenmeise, Haubentaucher, Haussperling, Heckenbraunelle, Kernbeißer, Klappergrasmücke, Kleiber, Kleinspecht, Kohlmeise, Mäusebussard, Misteldrossel, Mönchsgrasmücke, Rabenkrähe, Reiherente, Ringeltaube, Rotkehlchen, Schwanzmeise, Singdrossel, Sommergoldhähnchen, Sperber, Star, Stockente, Sumpfmeise, Sumpfrohrsänger, Tannenmeise, Teichhuhn, Trauerschnäpper, Türkentaube, Waldkauz, Wintergoldhähnchen, Zaunkönig, Zilpzalp.*

### TIPPS

*→ Alljährlich von April bis Mai veranstaltet der NABU vogelkundliche Kurzwanderungen am Wandse-Wanderweg. Information: www.hamburg.nabu.de, Telefon (040) 697 089 0. → Eine Karte des Wandse-Wanderwegs lässt sich als PDF-Datei aus dem Internet herunterladen.*

### EIGENE BEOBACHTUNGEN

## IM WOHNGEBIET – VOGELLEBEN VOR DEM FENSTER

*Grünfink*

Eine kleine Wohnung im dritten Stock eines Altbaus aus der Zeit der Jahrhundertwende. Aus dem Fenster blicken die Bewohner in die Krone einer Eiche, die vor dem Haus am Fußwegrand gepflanzt wurde – und bekommen ein lebendiges Schauspiel geboten: Ein Kohlmeisenpaar turnt in den Zweigen und sucht eifrig nach Insekten. Auf dem Dachfirst des Mietshauses gegenüber sitzt ein Hausrotschwanz und macht mit seiner gepressten, kratzigen Stimme auf sich aufmerksam.

*Kohlmeise*

Die Fenster nach hinten gewähren ebenfalls interessante Einblicke in die Vogelwelt. Aus dem Blattdickicht einer Hainbuche ertönt das anhaltende Trillern eines Grünfinken, eines verstädterten Waldvogels. In den Ästen eines Ahorns baut gerade eine Elster an ihrem haubenförmig überdachten Reisignest. Weit oben an einem kahlen Ast einer ansonsten belaubten Pappel sitzt ein Buntspecht und trommelt. Einmal fliegt er sogar die Klinkerfassade des benachbarten Hauses an und krallt sich fest. Er allein mag wissen, warum. Will er sich hier etwa eine Höhle zimmern? Das dürfte wohl kaum gelingen, da das Mauerwerk zu fest ist. Anders sähe es allerdings aus, wenn die Hauswand mit Dämm-Material aus Styropor eingekleidet wäre. Das fühlt sich für den Buntspecht nämlich wie weiches, morsches Holz an. Wenn er keinen geeigneten Baum in der Nähe findet, nimmt er einfach die weiche Fassade als Ersatz. Mit kräftigen Schnabelhieben klopft er dagegen, um sich eine Bruthöhle zu hacken oder nach Nahrung zu suchen. Eine

*Haussperling*

Elster

Möglichkeit, sich gegen unerwünschte Spechtlöcher zu schützen, ist die Verwendung von feinkörnigem, glatten Putz auf der Wärmedämmung. Der Buntspecht findet dann keinen Halt mehr.

In Wohngebieten ist das Vogelleben vielfältiger als in der Innenstadt, weil die Bebauung in der Regel durch Bäume, Sträucher und Grünflächen aufgelockert ist. Besonders die Altbauviertel mit reich strukturierten und teilweise begrünten Fassaden sowie altem Baumbestand an den Straßen und in den Innenhöfen bieten unseren gefiederten Freunden Nahrung und Nistplätze. In Hamburg brüten ungefähr zwanzig verschiedene Arten in den rund um die City liegenden Stadtteilen mit hoher Wohndichte. Dazu gehören Bewohner der »Kunstfelsen« wie Straßentaube, Haussperling und Hausrotschwanz. Die in Wohngebieten vorhandene Vegetation bietet aber noch zusätzlichen Lebensraum, der von Busch- und Baumbrütern wie etwa Amsel, Buchfink und Ringeltaube genutzt wird.

Buchfink

Im Gegensatz zu den Straßentauben, die auch mal Kekse und Wurstreste fressen, sind die Ringeltauben recht konsequente Vegetarier geblieben und ernähren sich von dem, was die Jahreszeit bietet. Als deftige Grundlage schätzen sie Sämereien, Eicheln und Bucheckern. Sie legen aber auch Wert auf abwechslungsreiche Gemüsebeilagen: Im Frühling sind es Knospen von Blütenpflanzen sowie Blätter von Bäumen und Kräutern, im Sommer und Herbst kommen Klee, Getreide und Beeren hinzu, im Winter lassen

Hausrotschwanz

sich noch Blattknospen an Bäumen und zartes Wintergetreide finden. In der Stadt lebende Ringeltauben nehmen bis zu zehn Kilometer Flug auf sich, wenn es darum geht, Nestlinge mit Getreidekörnern frisch vom Feld zu versorgen. Sie haben also ihre Ernährungsgewohnheiten weitgehend beibehalten.

*Buntspecht*

Wer einen Balkon oder eine Loggia hat und sich für Vögel interessiert, kann häufig spannende Beobachtungen machen. So berichtet etwa ein Ornithologe von folgendem Arrangement seiner Untermieter, einem Amsel- und einem Blaumeisenpaar: Die Blaumeisen fütterten ihre Jungen im Nistkasten, der am Regenfallrohr befestigt war, während gleichzeitig die Amseln ihren Nachwuchs im Nest auf dem Dach der Meisenbehausung mit Würmern und Insekten versorgten. Amseln und Blaumeisen benutzten dieselbe Einflugschneise. Es gab aber keine Probleme beim An- oder Abflug, denn die Blaumeisen fütterten zu Zeiten, in denen ihre Nachbarn unterwegs auf Nahrungssuche waren.

A24
H.-RUBBERT-STR.
HAFERBLÖCKEN
FUCHSBERGWEG
FUCHSBERGREDDER
DEEL
WISCHREDDER
BRUHNRÖGENREDDER
HOLSTEINER TOR
AM BOND
STÜBELS
NABU-HÜTTE
HASSLOREDDER
FRIEDHOF
ÖJENDORF
BARSBÜTTELER WEG
HEGENREDDER
MATTKAMP
DRIFTREDDER
BUS

# ÖJENDORFER SEE

Wo man einst Sand zur Aufschüttung der Horner Marsch abbaute und nach dem Zweiten Weltkrieg Trümmer aus dem zerbombten Hamburg zu Hügeln aufschüttete, laden heute ein See zum Baden und eine freundliche Parklandschaft zum Spazieren und Verweilen. Die Gestaltung als große Grünanlage begann Ende der 1950er Jahre. Inzwischen ist der Park, im Winkel der Autobahnen A 1 und A 24 gelegen, längst ein beliebtes Naherholungsgebiet. Der künstlich angelegte, aus dem Schleemer Bach gespeiste See, mit rund fünfzig Hektar etwa doppelt so groß wie die Binnenalster, dominiert das Gelände. Bis Mitte der 1980er Jahre wurde das Wasser regelmäßig im Herbst zum Abfischen abgelassen. Seit das nicht mehr geschieht, ist der See mit seinen fünf Inseln ein Eldorado für zahlreiche Wasservogelarten geworden. Sie bleiben allerdings nicht immer ungestört, denn wo sich viele Erholungssuchende treffen, ist es mit der Ruhe vorbei.

## WINTERSPAZIERGANG UM DEN SEE

Für einen trainierten Jogger sind die gut drei Kilometer um den Öjendorfer See eine Sache von einer Viertelstunde. Naturfreunde brauchen weit mehr Zeit, denn es gibt einfach zu viel zu sehen. Der Vogelwelt bietet der

*Der Öjendorfer See liegt am östlichen Stadtrand Hamburgs. U-Bahn (U1) bis Wandsbek Markt, dann mit der Buslinie 263 bis Gleiwitzer Bogen; U Bahn (U2) bis Horner Rennbahn, dann mit der Buslinie 461 bis Friedhof Öjendorf (Nordeingang). Parkplätze vom Barsbütteler Weg anzufahren sowie Ecke Bruhnrögenredder/Grootmoorredder.*

See mit seinen Schilfzonen, seinen Inseln und der busch- und baumbestandenen Umgebung abwechslungsreich strukturierten Lebensraum. Eine NABU-Gruppe sorgt durch verschiedenste Pflegemaßnahmen für den Biotoperhalt. Mehr als sechzig Vogelarten brüten hier. Rohrammer und verschiedene Rohrsängerarten, die woanders im Stadtgebiet seltener anzutreffen sind, haben am See und in Seenähe ein Quartier gefunden. Bis vor einigen Jahren nistete hier auch die insgesamt selten gewordene Rohrdommel. Inzwischen findet sie sich aber nur noch im Winter ein. Nicht auszuschließen ist, dass sich diese Art in der geschützten Schilfzone im nordöstlichen Teil des Sees wieder ansiedelt. Besonders gut lassen sich Wasservögel beobachten. Verschiedenste Arten in zum Teil großer Individuendichte nutzen Uferzonen, Wasserfläche und Inseln. Im Winterhalbjahr steuern Durchzügler und Wintergäste wie Kraniche, Gänsesäger und Bartmeisen den See an, wo es weit weniger unwirtlich ist als in ihren eisigen Heimatregionen im Norden und Nordosten. So wird der Vogelfreund auch in der kalten Jahreszeit seine Freude haben. Ist der See zugefroren, sodass nur wenige Wasservögel zu sehen sind, empfiehlt sich ein Spaziergang auf dem ausgedehnten Gelände des angrenzenden Friedhofs Öjendorf. Dort treiben sich hungrige Wintergäste wie Zeisige, Hänflinge und manchmal auch Rotdrosseln und Seidenschwänze in den Büschen und Bäumen herum.

An einem schönen klaren Januar-Vormittag beginnen wir unseren Spaziergang an der NABU-Hütte nicht weit vom Parkplatz Bruhnrögenredder. Vom Nordufer aus haben wir den See in seiner ganzen Länge im Blick. Er ist nicht zugefroren. Die künstlich abgeflachte und mit Kies aufgeschüttete Insel im Vordergrund soll Vogelarten wie dem Flussre-

*Zwergsäger*

genpfeifer eine Brutmöglichkeit bieten. Zwischen Ufer und Insel sind vier kleine Wasservögel rastlos unterwegs ... und plötzlich sind sie weg. An anderer Stelle sehen wir sie wieder auftauchen. Neugierig geworden, schauen wir durchs Fernglas: Mit Haubentauchern oder Blässhühnern haben diese Vögel nichts zu tun. Sie ähneln eher Enten. Es sind **ZWERGSÄGER**, auch sie Wintergäste, die aus den nördlichen Regionen zu uns gekommen sind. Die Mehrzahl hält sich an der Elbe auf, die übrigen findet man auf kleineren Wasserläufen, Seen und Teichen. Unter Wasser jagen sie nach kleinen Fischen. Die Ränder von Ober- und Unterschnabel sind gezähnt wie eine Säge, sodass sie die schlüpfrige Beute besser festhalten können. Zum Brüten fliegen die Zwergsäger gegen Ende des Winters in den Norden zurück, wo sie in Wassernähe in Baumhöhlen brüten. Gern suchen sie sich unbewohnte Schwarzspecht-Höhlen. Mit etwas Glück lassen sich auf dem Öjendorfer See auch die größeren Gänsesäger beobachten. Dass man die selteneren Mittelsäger zu Gesicht bekommt, ist dagegen weniger wahrscheinlich. Beide Arten sind Verwandte des Zwergsägers, die uns ebenfalls nur im Winter besuchen.

Jetzt geht es das Westufer entlang Richtung Südspitze des Sees. Auf der größeren Insel linker Hand haben sich hier brütende Kormorane einen Schlafplatz gesucht. Von ihrem ätzenden Kot sind die Pappeln zum Teil entlaubt und weiß getüncht. In einer Birke turnen mit unablässigem zarten

**ZWERGSÄGER** (Mergellus albellus) [KENNZEICHEN] Länge 38–44 Zentimeter; Weibchen kleiner; Gefieder des Männchens überwiegend weiß, schwarzer Augenfleck, schwarzer Streif am Hinterkopf, weiße Kopfhaube; Weibchen mit dunklem, braunen Oberkopf, weißen Wangen. [STIMME] Nur selten zu hören. Balzruf der Männchen erinnert an das Geräusch, das entsteht, wenn ein Fingernagel über Kammzinken fährt. [LEBENSRAUM] Baumumstandene Seen und Staubecken, Flüsse, auch an der Küste. [SONSTIGES] Bei uns als Durchzügler oder Wintergast etwa von Oktober bis Februar, Brutgebiete hauptsächlich im Norden Skandinaviens und Russlands.

Gezwitscher viele kleine Vögel emsig in den Zweigen herum und tun sich an Samen und Blattknospen gütlich. Wie auf Kommando verstummen sie plötzlich, und der ganze Schwarm fliegt zielstrebig einen anderen Baum an, wo das muntere Treiben weitergeht. Bei genauerem Hinsehen und Hinhören zeigt sich, dass der vielzählige Trupp hauptsächlich aus Zeisigen und vereinzelten Finken anderer Arten besteht. Auch ein paar Meisen sind dabei. Auf der offenen Wasserfläche schwimmen geruhsam zwei Schwäne. Könnten es Höckerschwäne sein? Ein Blick durchs Glas schafft Klarheit: Der ausgeprägte gelbe Schnabelgrund ist typisch für den **SINGSCHWAN**. Wir haben es hier vermutlich nicht mit verstädterten Singschwänen zu tun, wie man sie im Oberalsterraum ganzjährig antreffen kann. Diese hier sind vielleicht aus Nordskandinavien zu uns gekommen, um sich dann im März auf die Rückreise in ihr Brutgebiet zu machen. Wie alle Schwäne neigen auch die Singschwäne zu dauerhafter Monogamie. Ein Paar, das sich einmal gefunden hat, bleibt meist lebenslang zusammen. Es wäre schön, wenn

*Singschwan*

**SINGSCHWAN** (Cygnus cygnus) [KENNZEICHEN] Mit einer Länge von 140–160 Zentimeter ebenso groß wie der Höckerschwan; Gefieder weiß, Schnabel gelb mit schwarzer Spitze. [STIMME] Recht häufiges lautes Trompeten. [LEBENSRAUM] Küstengewässer, Seen, Flüsse, Sümpfe, Moore. [SONSTIGES] Bei uns als Durchzügler oder Wintergast etwa von Ende Oktober bis Mitte März, Brutgebiete hauptsächlich Island, nordöstliches Skandinavien und nördliches Russland bis an den Pazifik. Vereinzelt brüten verstädterte Singschwäne auf Hamburger Gebiet.

die beiden Singschwäne ihrem Namen Ehre machten und uns ihr Posaunen hören ließen, aber die Sänger schweigen. Stattdessen starten sie mit lautem Platschen und fliegen davon. Sie wissen wohl in der Nähe ein Feld mit Wintergetreide, für sie ein gefundenes Fressen.
Bevor wir die Südspitze des Sees umrunden, hören wir von der langgestreckten Insel im Südteil her den durchdringenden Pfiff eines Eisvogels. Zwei der herrlich blauen, exotisch anmutenden Vögel hüpfen im Gezweig der Ufervegetation umher. Auf der Ostseite führt uns der Weg um ein Wäldchen herum. Ein Rotkehlchen singt zaghaft seine wehmütige Weise. Ebenso wie etwa Amsel und Zaunkönig singt es auch in der kalten Jahreszeit, wenn andere Vögel sich nur mit kurzen Rufen vernehmen lassen. Im Winter erklingt sein Gesang aber nicht so oft wie im Frühling. Bald haben wir wieder freien Blick auf den See. Zwischen Schnatter-, Tafel-, Reiher- und Löffelenten fallen uns zwei Enten durch eigenartige Bewegungen ihres dunklen Kopfes auf. Sie recken ihn steil in die Höhe und werfen ihn manchmal bis auf den Rücken zurück. Die **SCHELLENTE** ist also auch vertreten. Hier machen zwei Erpel einem Weibchen den Hof. Wie auch Zwergsäger, Zwergtaucher, Stockenten und andere Wasservögel

*Schellente*

**SCHELLENTE** (Bucephala clangula) [**KENNZEICHEN**] Länge 40–48 Zentimeter; Gefieder des Männchens schwarz und weiß, Kopf schwarz mit deutlichem weißen Fleck zwischen Auge und Schnabel; Weibchen überwiegend grau, Kopf braun, weißer Halsring. [**STIMME**] Nur selten zu hören. Verschiedene Balzrufe der Männchen je nach Balzpose, z. B. »krirr«, »rrrr« und »arrr«. [**LEBENSRAUM**] Baumumstandene Binnengewässer, gelegentlich an der Küste. [**SONSTIGES**] Bei uns als Durchzügler oder Wintergast etwa von Oktober bis Februar, Brutgebiete hauptsächlich nordöstliches Deutschland und Skandinavien bis ins zentrale und nördliche Russland.

beginnen die Schellenten bereits im Winter ihre Balz. Als Tauchenten suchen sie sich ihre überwiegend tierische Nahrung unter Wasser: Schnecken, Krebstiere, Wasserinsekten, kleine Fische. Etwa im Februar werden die meisten Schellenten ihr Winterquartier verlassen und in ihre nordöstlich gelegenen Brutgebiete fliegen. Dort suchen sie sich gewässernahe Baumhöhlen zum Nisten. Einzelne Paare verzichten weise auf die anstrengende Reise und ziehen es vor, in unserer Region zu brüten. Ihren Namen verdanken die Schellenten dem typischen Fluggeräusch, das an Schellengeklingel denken lässt.

Wir wählen den Weg hinauf auf den Hügel, der mal ein Trümmerberg war. Von oben sehen wir im seichten Wasser bewegungslos und wie mit hochgezogenen Schultern einen **GRAUREIHER**. Ob er sich gerade ausruht oder auf Fische lauert, lässt sich nicht sagen. Plötzlich beginnt er, mit vorgestrecktem Hals vorwärts zu hüpfen und mit kraftvoll rudernden Flügelschlägen abzufliegen. Sicher in der Luft, zieht er den Hals ein und strebt gemächlich davon. Bevor wir ihn aus den Augen verlieren, hören wir noch ein heiser krächzendes »kräich«, seinen Flug-

*Graureiher*

**GRAUREIHER** (Ardea cinerea) [KENNZEICHEN] Länge 84–102 Zentimeter; Gefieder überwiegend grau, schwarzer Streif vom Auge bis zu den schmalen schwarzen Schmuckfedern im Nacken. [STIMME] Flugruf ein raues »kräich«. [LEBENSRAUM] In der Nähe von Gewässern. [SONSTIGES] Jahresvogel. Nahrungsflüge führen auch zu zentraler gelegenen städtischen Gewässern.

ruf. Er könnte aus einer der Brutkolonien im Hamburger Raum stammen, die sich beispielsweise am Bramfelder See und in der Haseldorfer Marsch befinden. Im Winter streifen die Reiher weiträumig umher. In den Augen von Fischwirten und Anglern sind Graureiher ziemlich böse Gesellen, denn die großen Vögel bedienen sich am Fischbesatz, dessen Aufzucht gutes Geld gekostet hat. Lange Zeit wurden Graureiher deshalb stark bejagt. Inzwischen greifen Schutzbestimmungen, und die Bestände erholen sich etwas. Der Rundgang führt uns nun, vorbei an der Schilfzone, in deren Schutz gelegentlich größere Trupps überwinternder Stare nächtigen, zum Nordufer zurück.

*Zwergtaucher*

Ein letzter Blick auf den See: Die Zwergsäger sind jetzt nirgendwo zu sehen, dafür entdecken wir einen anderen kleinen Wasservogel. Er ist etwa so groß wie eine Amsel, hat aber einen rundlichen Körper. Genau wie die Zwergsäger taucht auch unser kleiner Vogel immer wieder unter Wasser: Vor uns schwimmt ein **ZWERGTAUCHER**. Er ist der kleinste Taucher und ein naher Verwandter des häufiger vorkommenden Haubentauchers. Ob dieser unscheinbar anmutende Vogel auch hier brütet oder aus Nordeuropa als Wintergast zu uns gekommen ist, wissen wir nicht.

**ZWERGTAUCHER** (Tachybaptus ruficollis) [**KENNZEICHEN**] Länge 23–29 Zentimeter; im Brutkleid kastanienbraun mit hellem Fleck an der Schnabelwurzel, im Ruhekleid unscheinbar graubraun. [**STIMME**] Während der Brutzeit von April bis Juni sind oft langanhaltende Triller zu hören. Sie werden entweder von einem Partner, aber auch von Paaren im Duett vorgetragen. [**LEBENSRAUM**] Teiche, Seen und Flüsse. Möglichst mit Ufervegetation und geringer Wassertiefe. [**SONSTIGES**] In Hamburg ein seltener Brutvogel, 2012 wurden 17 Paare gezählt. Im Winterhalbjahr können Zwergtaucher als Durchzügler oder als Wintergäste aus dem hohen Norden beobachtet werden.

Jetzt in der kalten Jahreszeit ernährt sich der Zwergtaucher häufig von kleinen Fischen. Im Sommerhalbjahr stehen auch Insekten, kleine Krebse und Schnecken auf seiner Speisekarte.

### HIER VORKOMMENDE BRUTVÖGEL UND WINTERGÄSTE

*Amsel, Bachstelze, Bartmeise, Bergfink, Birkenzeisig, Blässhuhn, Blaumeise, Bluthänfling, Buchfink, Buntspecht, Dorngrasmücke, Drosselrohrsänger, Eichelhäher, Eisvogel, Elster, Erlenzeisig, Fasan, Feldsperling, Fitis, Gänsesäger, Gartenbaumläufer, Gartengrasmücke, Gelbspötter, Gimpel, Graugans, Grauschnäpper, Grünfink, Habicht, Haubentaucher, Haussperling, Heckenbraunelle, Höckerschwan, Kernbeißer, Klappergrasmücke, Kleiber, Kohlmeise, Kormoran, Kuckuck, Mäusebussard, Misteldrossel, Mönchsgrasmücke, Nilgans, Rabenkrähe, Reiherente, Ringeltaube, Rohrammer, Rohrdommel, Rohrweihe, Rotdrossel, Rotkehlchen, Schellente, Schnatterente, Schwanzmeise, Singdrossel, Singschwan, Sommergoldhähnchen, Star, Stockente, Sumpfmeise, Sumpfrohrsänger, Tafelente, Tannenmeise, Teichhuhn, Teichrohrsänger, Trauerschnäpper, Wacholderdrossel, Waldohreule, Wasserralle, Weidenmeise, Wintergoldhähnchen, Zaunkönig, Zilpzalp, Zwergsäger, Zwergtaucher.*

### TIPPS

→ *Alljährlich im April und Mai veranstaltet der NABU vogelkundliche Kurzwanderungen im Öjendorfer Park und auf dem angrenzenden Friedhof. Im Winterhalbjahr finden einzelne Führungen zum Thema »Gefiederte Wintergäste und Durchzügler« statt; Termine sind zu erfragen. Information: www.hamburg.nabu.de, Telefon (040) 697 089 0.*

### EIGENE BEOBACHTUNGEN

## GÄRTEN UND PARKS – OASEN FÜR STADTVÖGEL

Je grüner die Stadt, desto bunter das Vogelleben. Dafür ist Hamburg ein besonders gutes Beispiel. In den Randbezirken der Elbmetropole dominieren Gärten. Das restliche Stadtgebiet ist durch einige größere und zahlreiche kleinere Parks aufgelockert. Besonders ans Herz gewachsen ist den Hamburgern Planten un Blomen. Dort führt der Verfasser dieses vogelkundlichen Führers in jedem Frühjahr vogelkundliche Kurzwanderungen durch. Groß ist jedesmal die Freude der Teilnehmer, wenn sie dem morgendlichen Konzert der gefiederten Freunde lauschen. Neben den Lauten und Gesängen von Kohlmeisen oder Amseln sind auch die Stimmen von Mönchsgrasmücken, Heckenbraunellen, Kleibern, Singdrosseln und vielen anderen Vogelarten zu hören, die man in der City kaum und im Wohngebiet nur selten zu Gesicht und Gehör bekommt. Die Gesamtzahl der in Hamburger Gärten und Parks brütenden Vogelarten liegt bei über fünfzig. Zum Vergleich: In der Innenstadt nisten nur drei bis vier Arten, im Wohngebiet ungefähr zwanzig. Naturnah gestaltete Gärten und Parks sind kleine Oasen für die Vögel. Hier finden sie viele Nistmöglichkeiten und reichlich Nahrung. Außerdem halten sich die Störungen durch Menschen und Autos in Grenzen. In den Gärten überwiegen Höhlenbrüter wie etwa Stare oder Meisen. Das liegt an der großen Zahl der Nistkästen. In den Parks bilden Buschbrüter wie beispielsweise Mönchsgrasmücken, Rotkehlchen oder Heckenbraunellen die Mehrheit. Im Hamburger Stadtpark brüten sogar Waldlaubsänger. Sie bauen ihr Nest am Boden, sodass Gelege und Brut leider oft ein gefundenes Fressen für streunende Katzen und frei laufende Hunde sind.

In Gärten und Parks finden viele ehemals im Wald lebende Vögel wie Amsel, Zaunkönig und Rotkehlchen Lebensbedingungen vor, die den Verhältnissen in ihren ursprünglichen Biotopen ähneln. So gewöhnen sie sich langsam an ein Leben unter Menschen und werden allmählich zu Städtern.

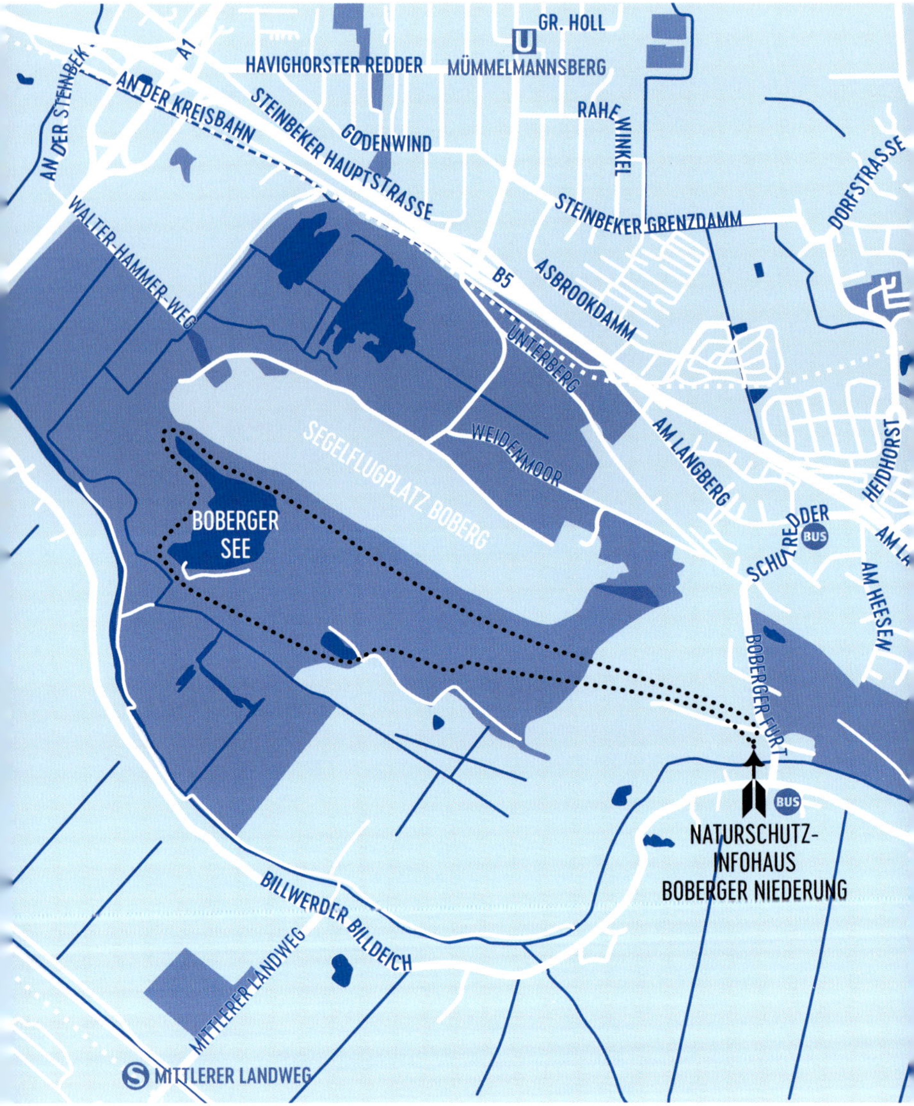
GR. HOLL
MÜMMELMANNSBERG
HAVIGHORSTER REDDER
A1
AN DER STEINBEK
AN DER KREISBAHN
STEINBEKER HAUPTSTRASSE
GODENWIND
RAHEWINKEL
DORFSTRASSE
STEINBEKER GRENZDAMM
WALTER-HAMMER-WEG
B5
ASBROOKDAMM
UNTERBERG
SEGELFLUGPLATZ BOBERG
WEIDENMOOR
AM LANGBERG
HEIDHORST
BOBERGER SEE
SCHULREDDER
BUS
AM HEESEN
BOBERGER FURT
BUS
NATURSCHUTZ-INFOHAUS BOBERGER NIEDERUNG
BILLWERDER BILLDEICH
MITTLERER LANDWEG
MITTLERER LANDWEG

# BOBERGER NIEDERUNG

Wer auf der großen Boberger Düne steht, könnte sich an die Nordsee versetzt fühlen. Das Meeresrauschen fehlt allerdings in diesem zwischen Bergedorf und Billwerder gelegenen Gebiet. Eiszeiten haben hier ihre Spuren hinterlassen. Heute finden sich nur noch Reste der ehemals ausgedehnten Binnendünenlandschaft. Seit 1840 wurden die meisten der bis zu dreißig Meter hohen Dünen abgetragen. Unmengen von Sand benötigte man für die Aufschüttung der Bahntrasse Hamburg–Bergedorf sowie später der Stadtteile Hammerbrook und Billbrook. Die große Boberger Düne ist Teil der Boberger Niederung, eines Mosaiks unterschiedlichster Biotope mit artenreicher Tier- und Pflanzenwelt: Heideflecken, Trockenrasen, Eichen-Birken-Waldungen, Erlenbruchwald, Niedermoore, Gewässer, Wiesen und Weiden. Seit 1991 ist diese 350 Hektar große Fläche Naturschutzgebiet.

## DÜNENSAND UND WALDESRAND

Wie wohl die große Boberger Wanderdüne aus der Vogelperspektive des Segelfliegers aussieht, der vom Segelflugplatz Boberg aufgestiegen ist und

*Das Naturschutzgebiet Boberger Niederung liegt im Südosten Hamburgs, südlich der B5. U-Bahn (U2) bis Mümmelmannsberg, weiter mit der Buslinie 12 bis zur Haltestelle Schulredder. Von dort sind es fünfzehn Minuten Fußweg über Schulredder und Boberger Furt zum Naturschutz-Infohaus Boberger Niederung; S-Bahn (S2, S21) bis Mittlerer Landweg, von dort mit der Buslinie 221 bis zum Boberger Furtweg (fährt an Werktagen stündlich, an Wochenenden nur alle zwei Stunden). Nach rund hundert Metern erreicht man das Infohaus. Parkplatz an der Boberger Furt, rund 150 Meter vom Informationshaus entfernt.*

*Goldammer*

in der Thermik seine Kreise zieht? Dem Wanderer mag das Sandgebirge zunächst als lebensfeindliche Wüste erscheinen. Nur spärlich ist der Dünensand von Birken, Heide, Sandsegge, Silbergras und Strandhafer bewachsen. Man weiß jedoch, dass hier eine Vielzahl von Insektenarten zu finden ist, die gut an die Trockenheit und die starken Temperaturunterschiede durch Aufheizung am Tag und Abkühlung in der Nacht angepasst sind. So leben hier Wärmeliebhaber wie Sandwespe, Wegwespe, Sandbiene, Sandlaufkäfer und Ameisenlöwe. Im Trockenrasen am Dünenrand kommen der Warzenbeißer und die Blauflügelige Ödlandschrecke vor, seltene Heuschreckenarten, die im Hamburger Gebiet sonst verschwunden sind. Auch die weiteren Teile der Boberger Niederung sind biologisch sehr interessant: Insgesamt 700 Pflanzenarten wurden gezählt, darunter verschiedene Orchideen; Libellen und Schmetterlinge sind artenreich vertreten; zu den hier brütenden über fünfzig Vogelarten gehören unter anderem Pirol, Nachtigall und Bekassine, alle im Hamburger Raum eher selten.

Das Naturschutz-Infohaus Boberger Niederung, ein Holzbau mit begrüntem Dach, ist Ausgangspunkt unserer vogelkundlichen Wanderung. Die

**GOLDAMMER** (Emberiza citrinella) [KENNZEICHEN] Länge 15,5–17 Zentimeter; Männchen mit viel Gelb an Kopf und Unterseite, Weibchen weniger gelb. [STIMME] Öfter zu hören ist ein scharfes »tsit«. Der Gesang klingt weich und melancholisch. Er ertönt auch noch im Hochsommer. [LEBENSRAUM] Offene und halb offene Landschaften mit Gebüschen, Hecken und Einzelbäumen. Auch Waldränder und Waldlichtungen. [SONSTIGES] Jahresvogel. Die Goldammer hat manche ihrer ehemaligen Lebensräume aufgegeben. So ist sie aus Teilen der Fischbeker und Neugrabener Heide verschwunden. Ein Grund dürfte im zunehmenden Kiefernbewuchs in diesen halb offenen Landschaften zu suchen sein.

Spätnachmittagssonne an diesem Maitag hat noch Kraft. Ein paar Schritte bringen uns zum steinigen Sandweg, der von der Boberger Furt wegführt. An einem Acker vorbei gelangen wir zu einer Pferdekoppel, wo wir den ansteigenden grasigen Weg nach rechts einschlagen und auf die Düne zugehen. Über uns jagen Rauchschwalben mit melodischem Zwitschern durch die laue Luft. Wir vermuten ihren Brutplatz im Gehöft, das wir hinter der Pferdekoppel am Rand der Bille-Niederung sehen. Vor uns erstreckt sich die wellige Dünenlandschaft. Der nach Westen führende Weg am Dünenrand entlang ist zur Düne hin durch einen niedrigen Absperrzaun begrenzt. So soll das empfindliche Biotop vor Betreten geschützt werden, damit nicht etwa die Bauten der Grabwespe und anderer seltener Insekten sowie der Bewuchs zerstört werden. Aus einer großen Birke links am Wegrand grüßt uns eine **GOLDAMMER** mit ihrem weichen, etwas melancholisch klingenden Gesang. Der charakteristisch gelb gefärbte Vogel sitzt ruhig oben im Wipfel und singt vor sich hin. Man hat sein Lied mit den Worten »Wie, wie hab ich dich lieb« umschrieben. Es soll Ludwig van Beethoven zum tragenden Motiv des ersten Satzes seiner 5. Sinfonie inspiriert haben. Goldammern singen nicht überall gleich. In Wien ist von ihnen ein anderer Dialekt zu hören als etwa in Sachsen oder bei uns im Norden.

So gewaltig wie die Sandmassen der Düne auch wirken, sind sie doch in Bewegung. Wind weht Sandkörner auf und trägt sie ein Stück fort. So bewegt sich die Düne im Jahr etwa zehn Zentimeter nach Nordosten, weil bei uns Südwest-Winde vorherrschen. Die Birken am Nordrand der Düne »ertrinken« deshalb allmählich im Sand. Um die Wanderung der Düne zu verlangsamen, hat man schon vor mehr als hundert Jahren an manchen Stellen den sonst an der See heimischen Strandhafer angepflanzt, dessen Wurzelwerk den Sand besonders gut festhält. Unser zunächst von lockerer Vegetation, nun zunehmend von dichterem Bewuchs gesäumter Weg führt uns am südlichen Dünenrand entlang. Wir stoßen auf einen schmalen Asphaltweg, halten uns links und biegen nach wenigen Metern nach rechts in einen Feldweg ab. Rechter Hand magerer Sandboden mit Gräsern, Heide und einzelnen Eichen sowie Birken, haben wir nach links hin Marschwiesen mit zugewachsenen Abzugsgräben im Blick. Dort herrscht emsiger Flugbetrieb: In der Luft torkeln ein paar Kiebitze, ein Mäusebussard kreist, eine Ringeltaube strebt einem Baum zu. In einiger Entfernung fällt uns ein Vögelchen auf. Es sitzt in aufrechter Haltung auf einem Pfahl der Wieseneinzäunung und zuckt immer wieder mit seinen Flügeln. Gelegentlich fliegt es auf, um im Rüttelflug kurz in der Luft zu verharren. Durch das Glas lässt sich erkennen: Der Wartenjäger, der sich hier Insekten im Flug erhascht, ist ein **SCHWARZKEHLCHEN**. Der schwarze Kopf, der weiße Halsfleck und die orangefarbene Unterseite weisen es als Männchen aus. Das Schwarzkehlchen ist im offenen Gelände zu Hause. In Hamburg hat sich sein Bestand in den letzten Jahren verdreifacht: 2001 wurden vierzig Brutpaare gezählt. 2012 brüteten bereits 120 Paare in der Hansestadt.

*Schwarzkehlchen*

Weiter am Südrand des Naturschutzgebiets entlang führt uns der teils sandige, teils grasbewachsene Weg an einer Gruppe von Holunder, Weißdorn, jungen Eichen und Birken vorbei. Hier

**SCHWARZKEHLCHEN** (Saxicola torquatus) [KENNZEICHEN] Länge 11,5–13 Zentimeter; Männchen mit schwarzer Oberseite und orangefarbener Unterseite. Der schwarze Kopf hat einen weißen Halsfleck. Das Weibchen ist insgesamt weniger kontrastreich gefärbt. [STIMME] Häufiger Ruf ist ein kurzer Pfiff mit zwei tieferen, fast tonlosen Lauten: »fid, track, track«. Der oft eilig vorgetragene Gesang besteht aus einem kurzen, hohen Gezwitscher. [LEBENSRAUM] Offenes Gelände mit niedriger Vegetation, etwa Grünland, Moore, Heiden, Brachflächen. Wichtig sind Büsche, Zaunpfähle und andere Sitzwarten. [SONSTIGES] Zugvogel, von März/April bis August/September bei uns. In Süd- und Südwest-Europa ist das Schwarzkehlchen Jahresvogel. Wie die Bestandszunahme in Hamburg zeigt, breitet es sich nach Norden aus.

singen Mönchsgrasmücke und Heckenbraunelle. Wir gehen unter den ausladenden Kronen mehrerer alter Eichen hindurch. Kurz vor dem Haarteich gabelt sich der Weg. Wir halten uns links. Aus dem Schilfröhricht am Teichufer ist das kurze, einfache Lied der Rohrammer zu hören. Der Teich ist nicht zugänglich, und dies aus gutem Grund: Er ist Lebensraum für seltene Amphibien, darunter die Kreuzkröte. Im unterholzreichen Wäldchen, das wir nun erreichen, empfängt uns ein kleines Vogelkonzert: Ein Rotkehlchen flötet ernst und feierlich, Blaumeisen klingeln, ein Zaunkönig schmettert, und fein und leise mischt sich ein Gartenbaumläufer ein. Andächtig bleiben wir stehen, als plötzlich flötend und schluchzend der Gesang einer **NACHTIGALL** einsetzt. Von alters her hat die Nachtigall die Menschen ergriffen. Viele Gedichte in den Literaturen vieler Länder zeugen davon. Der »Sommer-Gesang« des Barockdichters Paul Gerhardt fällt uns ein: »Die hochbegabte Nachtigall / Ergötzt und füllt mit ihrem Schall / Berg, Hügel, Tal und Felder«. Typischerweise lässt sich der Sänger nicht sehen, sondern bleibt

*Nachtigall*

**NACHTIGALL** (Luscinia megarhynchos) [KENNZEICHEN] Länge 15–16,5 Zentimeter; Oberseite braun, Unterseite hell braungrau, Schwanz rostrot. [STIMME] Der unauffällig gefärbte Vogel ist einer unserer besten Sänger. Singt nachts, aber auch am Tag. Der lautstarke, melodische und abwechslungsreiche Gesang besteht aus relativ kurzen Strophen, die meist von gleich langen Pausen unterbrochen sind. Typisch für die Nachtigall ist ein Crescendo von Flötentönen: »lü lü lü lü li li«. [LEBENSRAUM] Laub- und Mischwälder mit dichtem Unterholz, Parks, Friedhöfe, naturnahe Gärten. [SONSTIGES] Zugvogel, von April bis August/September bei uns. Die Nachtigall lebt verborgen im Gebüsch und ist deshalb selten zu sehen. Macht sich fast nur durch ihren Gesang bemerkbar. Früher lebten auch im Stadtpark und auf dem Ohlsdorfer Friedhof Nachtigallen. Nicht angeleinte Hunde und übertriebene Biotop-Pflegemaßnahmen dürften die am Boden brütenden Vögel vertrieben haben.

*Bekassine*

irgendwo im Unterholz verborgen. Eine ganze Weile hören wir seinem anrührenden Gesang zu, bis wir uns endlich davon losreißen.

Der schmale unbefestigte Pfad trifft auf einen asphaltierten Weg, auf dem wir uns links halten. Er führt uns durch ein Gehölz mit Pappeln, Weiden, Ebereschen und Holunder, an einer von Kräutern und Sträuchern durchwucherten Röhrichtzone vorbei und schließlich durch Marschwiesen hindurch. In der Ferne ist der Turm der Billwerder Kirche zu sehen. Der Weg knickt nach rechts ab, und wir treffen auf den an dieser Stelle von Erlenbruch gesäumten Boberger Baggersee. Auf dem Wasser tummeln sich Stockenten, Blässhühner und ein Haubentaucherpaar. Jetzt geht es nach links am See entlang. Wo der schmale Ausläufer des Badeteichs endet, verzweigt sich der Weg. Von den Marschwiesen zur Linken her »meckert« eine **BEKASSINE**. Die wollen wir sehen! Um einen besseren Blick zu haben, gehen wir ein kleines Stück in Richtung Kirchsteinbek, und tatsächlich sehen wir sie hoch in der Luft he-

**BEKASSINE** (Gallinago gallinago) [**KENNZEICHEN**] Länge 23–28 Zentimeter; langer, gerader Schnabel, kurze Beine. Kopf und Rücken schwarz und rotbraun mit gelblichen Längsstreifen. [**STIMME**] Beim Auffliegen ein heiseres »kätsch«, am Boden und seltener im Flug ein wohlklingendes »tüke, tüke «. Typisch ist das »Meckern« der Bekassine. Es entsteht beim Revierflug durch Vibrationen der äußersten abgespreizten Schwanzfedern und ist bis zu 500 Meter weit zu hören. [**LEBENSRAUM**] Feuchtwiesen, Moore und andere Feuchtbiotope mit niedriger, dichter Vegetation. [**SONSTIGES**] Zugvogel, von März/April bis August/September bei uns. In Hamburg ist die Bekassine seit 1960 aus der Hälfte der zuvor besiedelten Areale verschwunden. Ein wesentlicher Grund dafür dürfte die Trockenlegung von Feuchtgebieten sein.

rumkurven. Im Sturzflug, den sie ab und zu einlegt, lässt sie das markante Geräusch hören, das ihr den Namen »Himmelsziege« eingetragen hat. Sie erzeugt es nicht mit ihrem Stimmapparat, sondern durch das Vibrieren der im Sturzflug abgespreizten äußeren Steuerfedern. Es handelt sich also um einen sogenannten Instrumentallaut. Der in ziemlich großer Höhe vollführte Ausdrucksflug dient der Reviermarkierung. Nach dem Ende der beeindruckenden Vorstellung kehren wir zum Teich-Rundweg zurück. Jetzt wollen wir auf dem Walter-Hammer-Weg in Richtung unseres Ausgangspunktes zurückwandern. Aus einer Birke am Wegesrand werden wir auf die Gesänge dreier Vögel aufmerksam: Amsel, Grünfink und Blaumeise. Doch beim Blick in die Baumkrone sehen wir nur einen **STAR**. Er sitzt dort mit weit geöffnetem Schnabel, gesträubtem Gefieder und heftig flatternden Flügeln und hält uns mit den perfekt imitierten Stimmen anderer Vögel zum Narren. Stare sind wahre Stimmakrobaten. Neben den Gesängen und Rufen der unter-

*Star*

**STAR** (Sturnus vulgaris) [KENNZEICHEN] Länge 19–22 Zentimeter; fast amselgroß. Bewegt sich am Boden vorwiegend laufend fort (Amsel meist hüpfend). Im Herbst und Winter schwarz mit hellen Flecken (Perlstar), im Frühling und Sommer schwarz mit grünviolettem Gefiederglanz (Glanzstar). [STIMME] Vielfältiges, länger andauerndes Schwätzen. Imitationen von Stimmen und Geräuschen. [LEBENSRAUM] In Wäldern mit Baumhöhlen zum Brüten, aber als Kulturfolger auch in Gärten und Parks der Siedlungen. Dort nutzt er häufig Nistkästen für sein Brutgeschäft. [SONSTIGES] Ein sehr anpassungsfähiger Vogel. Brütet nicht nur in Baumhöhlen und Nistkästen, sondern auch unter Dachziegeln, hinter Fensterläden oder in nicht genutzten Briefkästen. Bildet im Herbst große Schwärme (die sich in Hamburg mit etwas Glück im Naturschutzgebiet »Heuckenlock« oder am »Energieberg Georgswerder« beobachten lassen).

schiedlichsten Vogelarten haben sie auch Geräusche wie das Klingeln eines Handys oder das Quietschen einer schlecht geölten Tür im Repertoire.

### HIER VORKOMMENDE BRUTVÖGEL

*Amsel, Bachstelze, Bekassine, Blässhuhn, Blaumeise, Buchfink, Eichelhäher, Elster, Feldlerche, Feldschwirl, Fitis, Gartenbaumläufer, Gartengrasmücke, Gartenrotschwanz, Gelbspötter, Gimpel, Goldammer, Grünfink, Grünspecht, Haubentaucher, Haussperling, Heckenbraunelle, Heidelerche, Kernbeißer, Kiebitz, Kohlmeise, Kuckuck, Mäusebussard, Misteldrossel, Mönchsgrasmücke, Nachtigall, Pirol, Rabenkrähe, Rauchschwalbe, Ringeltaube, Rohrammer, Rohrweihe, Rotkehlchen, Schwarzkehlchen, Singdrossel, Star, Stockente, Sumpfmeise, Teichhuhn, Tüpfelsumpfhuhn, Turmfalke, Wachtel, Wachtelkönig, Weidenmeise, Wiesenschafstelze, Zaunkönig, Zilpzalp.*

### TIPPS

➔ *Nähere Auskünfte über das Naturschutzgebiet erhält man im Naturschutz-Infohaus Boberger Niederung der Loki Schmidt Stiftung (www.loki-schmidt-stiftung.de), Boberger Furt 50, Telefon (040) 739 312 66, geöffnet dienstags bis freitags von 9 bis 13 Uhr, an Sonn- und Feiertagen von 11 bis 17 Uhr. Das Infohaus bietet auch vogelkundliche Führungen und weitere naturkundliche Veranstaltungen an.* ➔ *Eine gute Gebietskarte hat die Behörde für Umwelt und Energie herausgegeben, www.hamburg.de/bue/, Telefon (040) 428 403 416.*

### EIGENE BEOBACHTUNGEN

## KECKE NACHBARN – KOHLMEISE UND BLAUMEISE

Wer sich unvorsichtig einem Meisenkasten nähert, in dem gerade ein Kohlmeisenweibchen auf den Eiern sitzt, kann einen gehörigen Schrecken bekommen: Ein böses, an Schlangen erinnerndes Zischen tönt ihm aus der Meisenwohnung entgegen. Die Kohlmeise, wegen ihres überwiegend schwarz gefärbten Kopfes mancherorts auch Brandmeise genannt, verteidigt mit diesem eindrucksvollen Laut mutig ihren Nachwuchs. Angenehmer hört sich der Gesang des Männchens an. Er erklingt manchmal schon an milden, sonnigen Wintertagen und schenkt uns eine Vorahnung des Frühlings. »Zizibe-zizibe, die Sonn' vertreibt den letzten Schnee«, so kann man ihn lautmalerisch umschreiben. Auch die kleinere Blaumeise, eine nahe Verwandte unserer Kohlmeise und wegen ihrer schönen blauen Federn in Luxemburg auf den Namen »Himmelmees« getauft, ist schon im Winter zu hören. Das zarte, helle Trillern ähnelt dem Klang eines Glöckchens.

Als ehemalige Waldbewohner halten sich die in der Stadt lebenden Kohl- und Blaumeisen am liebsten in Gärten oder Parks auf. Man begegnet ihnen aber auch häufig in Wohngebieten; besonders wenn diese mit Laubbäumen und Büschen begrünt sind. Hier machen sich die flinken Turner auf die Suche nach Insekten und Spinnen. Putzig sieht es aus, wenn Meisen mit dem Rücken nach unten am Zweig hängen. Blaumeisen lesen ihre Beute sogar im Rüttelflug von Blättern und Zweigen ab. In seltenen Fällen benutzen sie Kiefernnadeln oder dünne Zweigstücke als Werkzeug, um nach Insekteneiern und -larven zu stochern. Auch an Hausmauern oder auf Dächern finden die Meisen ihre begehrten Kerbtiere. Blattläuse, die von den Blattsäften der Straßenbäume saugen, und nimmersatte Raupen stehen bei Stadtmeisen ganz oben auf dem sommerlichen Speisezettel. Eine Kohlmeisenfamilie vertilgt in einem Jahr rund 75 Kilogramm an Insekten in allen Entwicklungsstadien, also auch Eier, Raupen, Puppen. Sie leistet damit einen nicht unerheblichen Beitrag zur biologischen Schädlingsbekämpfung. Im Herbst und Winter, wenn es nur wenige Insekten gibt, sind Beeren und fetthaltige Sämereien eine wichtige Zusatzkost. Kohlmeisen stecken manchmal Bucheckern oder Nüsse in Baumritzen, um sie mit dem Schnabel zu öffnen, oder sie klemmen die Nahrung zur weiteren Bearbeitung zwischen ihre Füße. Meisen stöbern auch gern im Bodenlaub nach Spinnen und heruntergefallenen Samen. Wer ein Vogelhäuschen oder Meisenknödel und -ringe auf dem Balkon anbringt, hat garantiert die beiden Meisenarten zu Besuch. Werden sie ganz keck, fressen sie sogar aus der Hand. Meisen sind sehr zänkisch und vertreiben mitunter die anderen Vögel mit aufgeregtem Gezeter vom Futterplatz. Aber auch ihr Umgang miteinander ist nicht immer freundlich. Beim Streit um die beliebten Sonnenblumenkerne tragen meist die flinkeren und frecheren Blaumeisen den Sieg davon.

Meisen sind nicht wählerisch, wenn es um Nahrung geht. Sie fressen sogar Pommes frites, Wurst- und Käsereste oder suchen wie die Spatzen nach Brot- und Kuchenkrümeln auf Balkon und Terrasse. Kohlmeisen haben eine seltsame Vorliebe: Im Winter, wenn der Bedarf an Energie liefernden Fetten besonders hoch ist, verzehren sie dann und wann frischen Fensterkitt, um von seinem Leinölgehalt zu profitieren. Meisen sind kluge Vögel und sehr geschickt. Bekannt geworden sind in dieser Hinsicht etwa die britischen Kohl- und Blaumeisen. Sie hatten es gelernt, Löcher in die früher gebräuchlichen Stanioldeckel von Milchflaschen zu picken, die frühmorgens vor den Türen noch schlafender Städter abgestellt wurden. Auf diese Weise gelangten sie an den begehrten Rahm. Gewitzte Hamburger Meisen standen dem nicht nach, wie eine Beobachtung aus den 1930er Jahren zeigt: Sie öffneten 57 von 300 Flaschen einer Schulmilch-Lieferung.

*Kohlmeise*

Städte sind zumeist dichter von Kohl- und Blaumeisen besiedelt als ländliche Regionen. Das liegt sicher an dem großen Angebot an Nistplätzen. Meisen sind Höhlenbrüter. In ihren natürlichen Lebensräumen wie Laub, Misch- und gelegentlich auch Nadelwäldern bevorzugen sie Baumhöhlen als Nistplätze. Und die sind dank der modernen Forstwirtschaft Mangelware. In der Stadt sind Baumhöhlen naturgemäß noch seltener. Aber das stört die Meisen kaum.

*Blaumeise*

Es locken ja Nistkästen in großer Zahl zum Verbleib. Und auch andere künstliche Höhlen werden als Wohnung akzeptiert. Stadtmeisen brüten in Hausbriefkästen, in Mauerlöchern, unter Dachziegeln oder in Ofenrohren. Ja, selbst im Türschloss eines alten Fabriktors findet ein Kohlmeisenpaar ein Zuhause für sich und seinen Nachwuchs. In der Stadt gibt es mehr Kohl- als Blaumeisen. Wer aber statt einer Kohlmeise lieber eine Blaumeise zum Nachbarn haben möchte, sollte einen Nistkasten aufhängen, dessen Flugloch einen Durchmesser von 26 bis 27 Millimetern aufweist. Die größere Kohlmeise passt da nicht hindurch.

Die enge Nachbarschaft mit Blaumeisen ist nicht immer ungetrübt. Wenn die kecken Gesellen einmal ein offenes Fenster nutzen, um unsere Wohnräume zu inspizieren, räumen sie ordentlich auf. Sie reißen dann vielleicht Tapetenstückchen von der Wand oder zerfetzen die herumliegende Tageszeitung, werden aber vom Ergebnis enttäuscht sein. Während es in der Natur sinnvoll ist, wenn sie Rindenstückchen von den Bäumen reißen oder in welken Blättern stöbern, um auf diese Weise an die darunter befindlichen Insekteneier oder andere Leckereien zu gelangen, werden sie im Wohn- oder Schlafzimmer natürlich nicht fündig. Doch vielleicht steht ja irgendwo noch ein Stück unserer Lieblingstorte als Trost für die Eindringlinge herum.

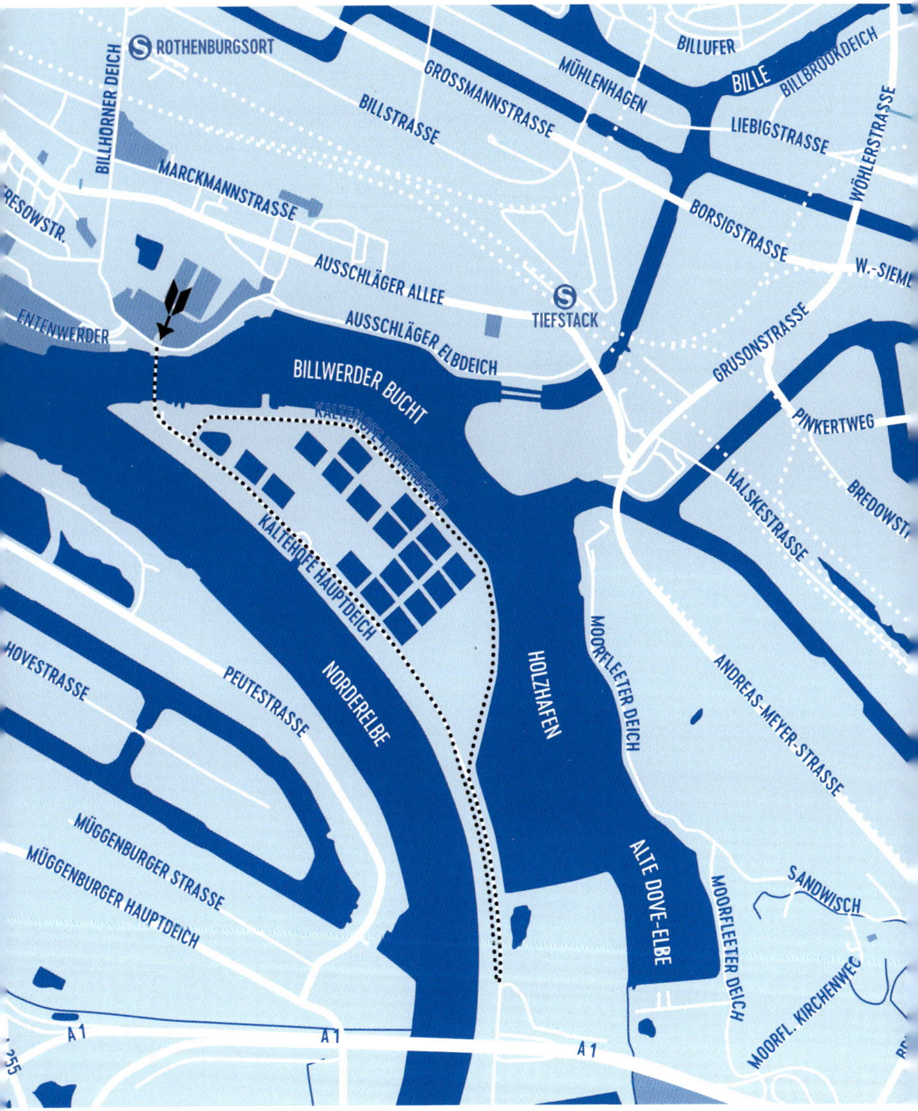

ROTHENBURGSORT
BILLHORNER DEICH
GROSSMANNSTRASSE
MÜHLENHAGEN
BILLUFER
BILLE
BILLBROOKDEICH
BILLSTRASSE
LIEBIGSTRASSE
WÖHLERSTRASSE
MARCKMANNSTRASSE
BORSIGSTRASSE
AUSSCHLÄGER ALLEE
W.-SIEME
TIEFSTACK
ENTENWERDER
AUSSCHLÄGER ELBDEICH
BILLWERDER BUCHT
GRUSONSTRASSE
KALTEHOFE HINTERDEICH
PINKERTWEG
HALSKESTRASSE
KALTEHOFE HAUPTDEICH
MOORFLEETER DEICH
HOLZHAFEN
HOVESTRASSE
PEUTESTRASSE
NORDERELBE
ANDREAS-MEYER-STRASSE
MÜGGENBURGER STRASSE
MÜGGENBURGER HAUPTDEICH
ALTE DOVE-ELBE
SANDWISCH
MOORFL. KIRCHENWEG
A 1
A 1
A 1

# HOLZHAFEN

Wo in früheren Zeiten die nach Hamburg geflößten Baumstämme auf Schiffe verladen wurden, ist im Jahr 2013 das etwa achtzig Hektar große Naturschutzgebiet »Holzhafen« entstanden. Dort kann der Vogelfreund Brandgänse, Krickenten, Löffelenten, Kiebitze und andere Wasser- und Watvögel beobachten. Der Holzhafen mit seinem Süßwasserwatt stellt für diese Zugvogelarten ein wichtiges Rastgebiet dar. Sie finden in diesem von Kleinlebewesen nur so wimmelnden Lebensraum einen reich gedeckten Tisch und können sich so für ihre weitere Wanderung stärken. Doch der Holzhafen ist nicht nur für Zugvögel interessant. Er bietet auch verschiedenen Fischarten günstige Lebensbedingungen. Im Süden dieses Naturschutzgebiets, wo Röhricht und Auwald wachsen, sind seltene Pflanzen wie der Lanzettblättrige Froschlöffel, das Spreizende Greiskraut und der Schierlings-Wasserfenchel zu Hause. Der Schierlings-Wasserfenchel kommt weltweit nur im tidebeeinflussten Süßwasserbereich der Unterelbe vor und ist vom Aussterben bedroht.

*Das Naturschutzgebiet Holzhafen liegt in der Billwerder Bucht im Süden Hamburgs. S-Bahn (S2, S21) bis Rothenburgsort, von dort noch etwa zweieinhalb Kilometer Fußweg; S-Bahn (S2, S21) bis Tiefstack, von dort noch etwa drei Kilometer Fußweg; Buslinien 3, 120, 124, 130 bis Billhorner Deich, von dort noch etwa zwei Kilometer Fußweg. Einige Parkplätze auf dem Ausschläger Elbdeich und auf dem Kaltehofe-Hauptdeich vor der Straßensperre, kostenpflichtige Parkplätze bei der »Wasserkunst Elbinsel Kaltehofe«, Kaltehofe-Hauptdeich.*

## PARADIES FÜR RASTVÖGEL

Zugvögel wie Löffelente, Krickente und Brandgans müssen auf ihren langen, energiezehrenden Wanderungen Pausen einlegen, um sich auszuruhen und zu fressen. Schauen wir uns einmal eine Löffelente an, die in Spanien überwintert hat und im Frühjahr nach Russland zieht, um dort zu brüten. Führt ihr Flug über Hamburg, findet sie im Süßwasserwatt des Naturschutzgebiets Holzhafen hervorragende Rastbedingungen vor. Besonders gern hält sich die Löffelente in den Flachwasserzonen auf. Dort frisst sie Pflanzensamen und kleine Wasserinsekten, die sie dicht unter der Wasseroberfläche findet. Auch Krickenten und Brandgänse rasten im Holzhafen und gehen dort auf Nahrungssuche. Sie bevorzugen die bei Ebbe trockengefallenen Wattflächen. Im schlammigen Boden suchen sie nach Ringelwürmern, Schnecken und anderen Kleinlebewesen. Der Holzhafen bietet vielen Wasser- und Watvögeln nicht nur Nahrung in Hülle und Fülle, sie können dort im Spätsommer auch in aller Ruhe mausern, also ihr Federkleid wechseln.

An einem schönen Märztag wollen wir dem Naturschutzgebiet Holzhafen einen Besuch abstatten. Von der S-Bahn-Station Rothenburgsort geht es nach links den Billhorner Deich entlang. In einer Linde am Straßenrand sind Meisen zu hören. Über uns fliegen einige Dohlen und Rabenkrähen. Wir passieren das Betriebsgelände von »Hamburg Wasser«, wo das »Was-

**BLÄSSGANS** (Anser albifrons) [KENNZEICHEN] Länge 64–78 Zentimeter; auffälligstes Kennzeichen ist die weiße Stirnblässe. Gefieder graubraun mit schwarzen Querbändern auf dem Bauch, orangefarbene Beine, rosa Schnabel. [STIMME] Meist hohe zweisilbige Flugrufe »kjü, jü«. [LEBENSRAUM] Brutvogel der nordrussischen Tundra. Rastet während des Zuges gern auf Wiesen und Weiden und überwintert in West-, Mittel- und Südosteuropa. [SONSTIGES] Durchzügler. Während der Zugzeiten im Frühjahr und Herbst sind häufig keilförmige Flugverbände zu sehen und zu hören.

serforum« eine umfassende Ausstellung zur Wasserversorgung Hamburgs präsentiert. Jetzt geht es an einem ehemaligen Wasserturm entlang und dann auf dem Ausschläger Elbdeich bis zum Sperrwerk Billwerder Bucht. Über eine Brücke gelangen wir auf die Elbinsel Kaltehofe. Kurz vor der Straßensperre biegen wir nach links in den Kaltehofe-Hinterdeich. Über uns fliegen drei Birkenzeisige. Aus dem Wäldchen rechter Hand ruft ein Zilpzalp seinen Namen, ein Buntspecht trommelt, und ein Zaunkönig schmettert seine lauten Strophen. Weiter geht es auf dem Weg neben dem abgezäunten Gelände der Stiftung Wasserkunst Elbinsel Kaltehofe. Es besteht aus einem ehemaligen Wasserwerk und einem Naturpark. Wir sehen ein altes Filterbecken und zwei sogenannte Schieberhäuschen. Dort regelten früher Arbeiter den Zu- und Abfluss von Wasser. Im Filterbecken schwimmen zwei Höckerschwäne, auf einem Schieberhäuschen steht ein Graureiher, und in einer Birke turnen einige Schwanzmeisen.

Plötzlich lenken uns hohe Flugrufe von der Vogelbeobachtung in der Anlage ab. Wir schauen nach oben und entdecken einen großen Trupp ziehender Gänse. Durch das Fernglas sind schwarze Querbänder auf den Bäuchen der Vögel zu erkennen. Diese Querbänder und die gellenden Rufe sind typische Feldkennzeichen für **BLÄSSGÄNSE**. Sie fliegen in keilförmiger Formation. Das spart Energie: Nur der Vogel an der Spitze des Flugverbands ist Wind und Wetter voll ausgesetzt. Die nachfolgenden Tiere haben es leichter, da sie sich jeweils im Windschatten des vor ihnen fliegenden Vogels befinden. Unsere Blässgänse fliegen in Richtung Nordost. Sie haben ihre Überwinterungsgebiete verlassen und wandern jetzt wieder zurück in ihre nordrussische Brutheimat.

*Blässgans*

Nachdem wir noch an vier weiteren Filterbecken vorbeigegangen sind, gelangen wir an unser ei-

*Brandgans*

gentliches Ziel: das Naturschutzgebiet Holzhafen. Ein Schild mit einem Seeadler macht uns darauf aufmerksam. Zuerst führt unser Weg an einem kleinen Wald vorbei. Dort wachsen Pappeln, Birken, Weiden und andere Bäume. Über uns kreist ein Mäusebussard, und ein Eichelhäher verrät sich mit lautem Rätschen. Unser Weg trifft jetzt auf den Kaltehofe-Hauptdeich. Wir gehen links weiter und haben einen tollen Blick auf den Holzhafen. Es herrscht gerade ablaufendes Wasser, sodass wir neben Flachwasserzonen auch bereits trockengefallene Wattflächen sehen. In Ufernähe schwimmen mehrere **BRANDGÄNSE**. Einige – die Männchen – haben einen großen roten Schnabelhöcker. Bei den etwas kleineren Weibchen fehlt er hingegen. In ihrem Aussehen ähneln die Brandgänse zwar Gänsen, doch sind sie näher mit den Enten verwandt, sodass sie manchmal auch »Brandenten« genannt werden. Brandgänse leben in Hamburg nicht nur als Mauser- und Nahrungsgäste, sondern brüten auch an verschiedenen Stellen, etwa auf der Billwerder Insel im Süden des Naturschutzgebiets. Zwei Voraussetzungen müssen erfüllt sein, damit ein Brandgans-Paar in Hamburg zur Brut schreitet. Als Höhlenbrüter benötigen sie eine leere Erdhöhle, am besten

**BRANDGANS** (Tadorna tadorna) [KENNZEICHEN] Länge 55–65 Zentimeter; überwiegend weißes Gefieder. Breites braunes Brustband, schwarzgrüner Kopf mit rotem Schnabel. Das Männchen hat einen auffallenden Schnabelhöcker. [STIMME] Flugruf des Weibchens tief und nasal: »gagagagaga«. Balzruf des Männchens hoch und pfeifend: »tju, tju, tju, tju«. [LEBENSRAUM] Meeresküsten, Flussmündungen und Binnengewässer. [SONSTIGES] 2012 gab es in Hamburg 200 Brutpaare. Im Spätsommer rasten viele Brandgänse während ihrer Mauser auf den Wattflächen im Holzhafen, um nach Nahrung zu suchen.

einen Kaninchenbau. Außerdem brauchen sie zur Nahrungssuche schlickige Flächen. Dort finden sie kleine Muscheln, Schnecken und Würmer. Wir gehen ein Stückchen weiter – ein Kormoran und einige Lachmöwen fliegen vorbei. Im Brombeergestrüpp am Ufer huscht eine Heckenbraunelle vorbei, auf einem Weißdorn sitzen ein Grünfink und ein Gimpelpaar. Jetzt schweift unser Blick über die Wattflächen des Holzhafens. Wir sehen Krickenten, Stockenten, Reiherenten und andere Wasservögel. Besonders auffallend ist das Verhalten dreier nahrungssuchender **LÖFFELENTEN**: Mit vorgestrecktem Hals schwimmen sie im flachen Wasser dicht hintereinander, mal im Kreis, mal in Schlangenlinie. Dadurch wirbeln sie den schlammigen Boden auf, sodass kleine Nahrungspartikel wie Insektenlarven, Fischlaich oder Samenkörner nach oben steigen. Dort durchschnattern die Löffelenten mit ihrem großen, löffelförmigen Schnabel seihend die Wasseroberfläche. Der Schnabel ist gut an die Aufnahme der speziellen Löffelenten-Nahrung angepasst, denn er besitzt an den Seiten feine kammartige Lamellen. Wenn die Löffelenten das aufgenommene Wasser bei geschlossenem Schnabel mit ihrer Zunge durch die dicht an dicht

*Löffelente*

**LÖFFELENTE** (Anas clypeata) [KENNZEICHEN] Länge 44–52 Zentimeter; Männchen und Weibchen haben einen auffallend langen und breiten Schnabel. Im Prachtkleid hat das Männchen einen grünen Kopf, eine weiße Brust und braune Flanken. Das Gefieder des Weibchens ähnelt dem eines Stockentenweibchens. [STIMME] Das Männchen ruft nasal »tok, tok«, das Weibchen quakend »wa, ak«. [LEBENSRAUM] Brütet in der Vegetation an flachen Gewässern, aber auch in Mooren mit freien Wasserflächen. [SONSTIGES] Viele Löffelenten ziehen im Herbst fort und überwintern in Westeuropa, Südeuropa und Afrika. Während ihres Zuges rasten manche Löffelenten im Süßwasserwatt des Holzhafens und gehen in den Flachwasserzonen auf Nahrungssuche, einige Exemplare brüten auch in Hamburg. 2012 wurden vierzig Brutpaare gezählt.

*Seeadler*

stehenden Lamellen nach außen pressen, wirken diese wie eine Reuse und filtern die Nahrungsteilchen heraus.

Den Kaltehofe-Hauptdeich einige Schritte weiter, gelangen wir an eine Infotafel der Behörde für Stadtentwicklung und Umwelt. Sie gibt nähere Informationen zum Naturschutzgebiet Holzhafen. In einer großen Weide am Ufer sitzen einige Stare und Ringeltauben. Etwas weiter entfernt stehen zwei Möwen auf dem schlammigen Wattboden. Beide haben dunkle Flügel, aber die Vögel sind unterschiedlich groß. Das eine ist eine Mantelmöwe, während es sich bei der anderen um eine Heringsmöwe handelt.

Plötzlich fliegen viele Wasservögel erschrocken auf. Beim Blick nach oben entdecken wir einen sehr großen Greifvogel. Er segelt mit langen, breiten Flügeln ruhig über den Wattflächen und scheint nach Nahrung zu suchen: ein **SEEADLER**. An den weißen Federn seines kurzen, keilförmigen Schwanzes erkennen wir, dass es sich um ein erwachsenes Tier handelt. Gut möglich, dass dieser imposante Greif von der Alten Süderelbe herkommt. Dort gab es 2014 eine erste Seeadler-Brut mit einem Jungvogel.

**SEEADLER** (Haliaeetus albicilla) [KENNZEICHEN] Länge 76–92 Zentimeter; größter Greifvogel. Braunes Gefieder. Der ausgewachsene Seeadler hat einen großen gelben Schnabel und weiße Schwanzfedern. Beim jungen Seeadler sind Schnabel und Schwanz dunkel. Ein fliegender Seeadler lässt sich gut an seinen breiten, brettförmigen Flügeln erkennen. [STIMME] Ruf des Männchens in der Brutzeit hoch und schrill: »klii, klii, klii, klii«, der des Weibchens tiefer: »rack, rack, rack, rack«. Während der Balz tragen die Partner ihre Rufreihen auch im Duett vor. [LEBENSRAUM] Küsten, größere Seen und Flüsse. [SONSTIGES] 2016 brüteten in Hamburg vier Seeadlerpaare. Mehr Seeadler sind in den benachbarten Bundesländern Schleswig-Holstein, Mecklenburg-Vorpommern und Niedersachsen zu Hause.

Auch im darauffolgenden Jahr brüteten die großen Greifvögel erfolgreich. Diesmal zogen sie sogar zwei Junge groß. Im Jahr 2016 wurde zwar eine Brut begonnen. Doch schon bald wartete das auf den Eiern sitzende Weibchen vergeblich auf seinen Partner. Er wurde von den Rotorblättern einer Windkraftanlage auf der Hohen Schaar in Wilhelmsburg erschlagen.

Wir gehen weiter und schauen jetzt nach links auf ein zwanzig Hektar großes Gebiet, das erst vor einigen Jahren als Ausgleichsmaßnahme für den Ausbau der Autobahn A1 entstanden ist. Zu diesem Zweck wurde der alte Deich so rückverlegt, dass er dicht an der Autobahn entlangführt. Die sich nun langsam neu entwickelnden, aus Süßwasserwatt, Prielen, Röhricht und Auwald bestehenden Lebensräume bieten seltenen Pflanzen und Tieren eine neue Heimat. Auf dem neuen Süßwasserwatt erblicken wir einige Pfeifenten, zwei Flussregenpfeifer und einen Sandregenpfeifer. Außerdem hören wir die typischen Rufe eines **KIEBITZES**, der uns seine akrobatischen Flugkünste zeigt. Mal fliegt er niedrig über den schlickigen Boden, wobei er sich von einer Seite auf die andere wirft. Dann wieder steigt er steil nach oben und lässt sich anschließend trudelnd in die Tiefe fallen. Dicht über dem Boden bremst der Kiebitz ab, um mit hastigen Flügelschlägen und wum-

*Kiebitz*

**KIEBITZ** (Vanellus vanellus) [KENNZEICHEN] Länge 28–31 Zentimeter; taubengroßer, schwarzweißer Watvogel mit charakteristischer Federholle am Hinterkopf, die beim Männchen länger ist als beim Weibchen. Die dunkle Oberseite zeigt einen grünen Metallglanz, die Unterseite ist weiß und hat ein schwarzes, breites Brustband. [STIMME] Kennzeichnend ist das namensgebende »kie-wie« oder auch »kiju-wit«. [LEBENSRAUM] Feuchtwiesen, Moore, Felder, Weiden und Äcker. [SONSTIGES] Der Kiebitzbestand in Hamburg sinkt. 2001 gab es 650 Brutpaare, 2012 nur noch 600. Hauptgrund dafür ist die Vernichtung der Lebensräume, z.B. durch Bebauung und Entwässerung.

mernden Fluggeräuschen weiterzufliegen. Deutlich erkennen wir die abgerundeten Flügel dieses leider immer seltener werdenden Watvogels. Nach unseren vielfältigen Vogelbeobachtungen machen wir uns jetzt auf den Heimweg und gehen zunächst ein längeres Stück auf der Deichkrone. Rechts schauen wir auf den Holzhafen, links auf die Norderelbe. Über uns fliegt eine Silbermöwe zwischen drei Sturmmöwen, auf dem Elbwasser schwimmen zwei Haubentaucher, und von Weitem hören wir die kräftig flötenden Rufe eines Rotschenkels. Auf dem Gelände der Stiftung Wasserkunst Elbinsel Kaltehofe haben wir noch Gelegenheit, einen Naturlehrpfad zu besuchen, und erfahren, dass dort 44 Vogelarten brüten, darunter Seltenheiten wie die Nachtigall und der Kuckuck.

### HIER VORKOMMENDE BRUTVÖGEL UND RASTVÖGEL

*Alpenstrandläufer, Amsel, Bachstelze, Bekassine, Blässhuhn, Blaukehlchen, Blaumeise, Brandgans, Buchfink, Buntspecht, Dorngrasmücke, Eichelhäher, Feldschwirl, Fitis, Flussregenpfeifer, Flussuferläufer, Gartengrasmücke, Gartenrotschwanz, Gimpel, Graugans, Grauschnäpper, Grünfink, Grünspecht, Haubentaucher, Heckenbraunelle, Heringsmöwe, Höckerschwan, Jagdfasan, Kampfläufer, Kiebitz, Klappergrasmücke, Kleinspecht, Kohlmeise, Kormoran, Krickente, Kuckuck, Lachmöwe, Löffelente, Mantelmöwe, Mäusebussard, Mittelspecht, Mönchsgrasmücke, Nachtigall, Nilgans, Pfeifente, Rabenkrähe, Reiherente, Ringeltaube, Rohrammer, Rotkehlchen, Rotschenkel, Sandregenpfeifer, Schwanzmeise, Silbermöwe, Singdrossel, Star, Stockente, Sturmmöwe, Sumpfrohrsänger, Tafelente, Teichhuhn, Teichrohrsänger, Weidenmeise, Zaunkönig, Zilpzalp, Zwergtaucher.*

### TIPPS

➵ *Der NABU, www.hamburg.nabu.de, Telefon (040) 6970890, und die Loki Schmidt Stiftung, www.loki-schmidt-stiftung.de, Telefon (040) 73931266, bieten vogelkundliche Wanderungen an.* ➵ *Da die Wat- und Wasservögel oft weiter entfernt sind, lohnt die Mitnahme eines Spektivs.*

## WASSERVÖGEL IN DER STADT – DIE STOCKENTE IM BESONDEREN LEBENSRAUM

»In der Stadt Enten füttern gehen!«, fordert der Enkel von seinen Großeltern und nimmt sie ins Schlepptau. Noch bevor sie am Ufer des kleinen Parksees Posten bezogen haben, ist schon Bewegung in die Vogelschar auf dem Wasser gekommen. Eilig streben Stockenten aus verschiedenen Richtungen herbei, Blässhühner paddeln flink zur Futterquelle, und bedächtig machen sich zwei Höckerschwäne auf den Weg, als wäre ihnen vornehme Zurückhaltung wichtig. Wo es etwas zu fressen gibt, sind Stockenten sofort dabei. »Die Stockente ist in den letzten Jahrzehnten vielerorts zur Stadtente geworden«, stellt Heinrich Hoerschelmann, ehemals Kustos am Zoologischen Institut der Universität Hamburg, fest. Er hat sich genauer mit einer Stockentenpopulation im Hamburger Stadtpark befasst. 1913 brütete nur ein einziges Paar in der Hansestadt. 2012 zählten Vogelkundler 2500 Brutpaare auf den großstädtischen Wasserflächen. Laut der Staatlichen Vogelschutzwarte in Hamburg ist das »auch auf die übermäßige Fütterung durch Tierfreunde zurückzuführen«.

Ob auf der Hamburger Binnenalster oder im Münchener Englischen Garten – es gibt zu viele Stockenten. Angelockt durch reichliche Futtergaben, drängen sich, manchmal auf kleineren Wasserflächen, sechzig bis achtzig Vögel. Eutrophierung, also Überdüngung durch erhöhten Nährstoffeintrag und Entenkot, sind die Folge. Weil die natürlichen, ufernahen Nistplätze nicht mehr für alle ausreichen, sind die Enten gezwungen, sich neue Niststandorte zu erschließen: Brütende Vögel in Einkaufszentren und auf Schulhöfen sind keine Seltenheit. Daran zeigt sich, wie schnell sie unter diesen Bedingungen ihre natürliche Scheu vor dem Menschen verloren haben. Manchmal bauen Stockenten ihre Nester sogar auf Hochhäusern oder in Kirchtürmen. Dichtestress auf den städtischen Gewässern ist auch ein wichtiger Grund für die Zunahme aggressiver Verhaltensweisen der

Erpel. Immer häufiger sind Szenen wie diese zu beobachten: Unverpaarte Erpel verjagen einen »glücklich verheirateten« Stockentenmann und vergewaltigen anschließend das Weibchen. Der Ornithologe Einhard Bezzel befasst sich in seinem Buch »Paschas, Paare, Partnerschaften« mit dieser Verhaltensstrategie, stellt aber auch fest, dass sie nicht neu ist. Schon 1600 schrieb der Zürcher Naturforscher Conrad Gesner: »Wann der Enten viel beieinander sind, so werden sie also hitzig, dass sie das Weiblein, indem einer nach dem anderen auffsitzed, ertödten.« Dies rüde Sexualverhalten weicht von der üblichen Monogamie der Stockenten ab. In den Städten ist es häufiger zu beobachten als in der freien Natur.

Hoerschelmann ermittelte bei seiner Hamburger Untersuchung einen deutlichen »Männerüberschuss«: Sechzig bis siebzig Prozent des Stockentenbestandes sind Erpel. Manch ein Enterich, der um die Zuwendung eines Weibchens buhlt, hat das Nachsehen. Auch das ist ein Grund für die Zunahme von Vergewaltigungen. Hoerschelmann: »Entscheidender Faktor bei der Verschiebung des Geschlechterverhältnisses sind die überzähligen Erpel selbst.« Brütende und Junge führende Enten werden nämlich durch Vergewaltigungen geschwächt oder sogar umgebracht. Der unversorgte Nachwuchs hat kaum Überlebenschancen. Der britische Forscher Julian Huxley stellte bereits zu Beginn des 20. Jahrhunderts fest: Sieben bis zehn Prozent der Weibchen sterben durch erzwungene Begattungen. Eine Folge des Männerüberschusses ist auch die Zunahme von Paarverhältnissen, die von der heterosexuellen Monogamie abweichen. Nicht selten kann man »Trios« von einer Ente und zwei Erpeln oder auch »Herrenclubs« mit homosexuellem Verhalten beobachten. Bei frei lebenden Gänsen gibt es zahlenmäßig ähnliche Geschlechterverhältnisse, die allerdings bei den Gantern nicht zu Gewalt führen: Sie

Stockente

nehmen sich einen männlichen Partner, und die liebe Seele hat Ruh. Als monogame Tiere bleiben die Ganter einander ebenso treu wie einer Gans. Stockenten in der Stadt sind oft ungewöhnlich groß und sehen meist erheblich anders aus als die Wildform. Es kommen sogar völlig weiße und völlig schwarze Exemplare vor. Die Fehlfarben weisen außer auf natürliche genetische Veränderungen auch auf die vielfach gestörten Biotopverhältnisse in unseren Gewässern hin. Letztere sind mehr oder weniger mit einer Vielzahl mutagener Substanzen belastet, die unter anderem auf den Autoverkehr und die Industrie zurückzuführen sind. Daneben spielen wohl auch Kreuzungen mit entwichenen Hausenten oder mit von Jägern ausgesetzten Hochbrut-Flugenten eine Rolle. Die Färbungsvielfalt der Stadtenten weist das gesamte Farbspektrum der dreißig bis vierzig Hausentenrassen auf. Das ist möglicherweise auch als Auswirkung eines Domestikationsprozesses zu erklären.

»Die verstädterten Stockenten sind inzwischen als eine weitgehend eigenständige Form anzusehen«, schreibt Hoerschelmann. Sie haben sich gut an den Extremlebensraum Stadt angepasst. Das zeigt sich auch daran, dass sie das ganze Jahr über ganztägig auf den Stadtgewässern bleiben und ihren Tagesrhythmus nach dem wechselnden Besucherstrom ausrichten. In der freien Natur gehen Stockenten eher in der Dämmerung oder nachts auf Nahrungssuche, statt sich tagsüber von Spaziergängern füttern zu lassen.

Städte konnten ohne Wasser nicht entstehen. Ob als Trinkwasser oder als Verkehrsweg, ob zur Nahrungsbereitung, zum Waschen oder zur handwerklichen Produktion – ohne Wasser lief und läuft nichts. Wasserflächen machen folglich oft einen nicht unerheblichen Teil eines Stadtgebiets aus. Während es in München gerade drei Prozent sind, in Hamburg acht Prozent und in Bremen/Bremerhaven zwölf Prozent, ist Schwerin mit 29 Prozent Wasserfläche gesegnet. Bei Wasserflächen ist zu unterscheiden zwischen Fließgewässern wie Flüssen und Bächen sowie stehenden Gewässern wie Seen, Teichen, Rückhaltebecken und Kanälen. Und wo sich in der Stadt

Gewässer finden, stellen sich auch die Wasservögel ein: neben Stockenten, Blässhühnern und Höckerschwänen auch Reiherenten, Teichhühner, Graugänse, Haubentaucher, Lachmöwen, Graureiher und Kormorane, um nur einige zu nennen. Auch aus der Tierhaltung entkommene oder absichtlich ausgesetzte »Exoten« fallen immer wieder auf. So die aus Südostasien stammende Mandarinente, die afrikanische Nilgans und die nordamerikanische Kanadagans. Die Wasservögel machen allerdings Unterschiede, was die Art der Gewässer angeht. Ein Stockentenpaar mag sich schon einmal einen Gartenteich, den es beim Überflug entdeckt hat, als Domizil wählen. Es kann aber auch ein kleiner Bach sein. Die Haubentaucher dagegen legen Wert auf größere, stehende oder allenfalls langsam fließende Gewässer, in denen sie nach Mollusken und Fischen tauchen können und wo sie ungestört sind. Im Gegensatz zu den verstädterten Stockenten haben sie ihre natürliche Scheu vor Menschen bewahrt und suchen Distanz, sobald diese ihnen zu nahe kommen. Ähnlich halten es Graureiher und Kormorane. Auch sie gehen, wie seit eh und je, dem Fischfang nach und interessieren sich nicht im Geringsten für das, was der Mensch ihnen anzubieten hätte.

»Ihr holden Schwäne, / Und trunken von Küssen / Tunkt ihr das Haupt / Ins heilignüchterne Wasser.« So schrieb Friedrich Hölderlin vor etwa 200 Jahren in seinem Gedicht »Hälfte des Lebens«. Was er dort hymnisch über die besondere Wasserqualität andeutet, mag von Fall zu Fall auch damals schon nicht so ganz gestimmt haben. Heute finden wir kaum noch unbelastete Gewässer, denn seither hat die zivilisatorische Entwicklung uns unter anderem den Autoverkehr, Industrie-Emissionen, die Acker- und die Haushaltschemie sowie die großen Ballungsräume beschert. Folge: In die Gewässer gelangt ein Mix der unterschiedlichsten Substanzen und bringt das aquatische Ökosystem durcheinander. Algen vermehren sich stärker; Bakterien zersetzen die abgestorbenen Algen und organische Einträge, wobei sie Sauerstoff verbrauchen, der dann zum Beispiel den Fischen fehlt. Insbesondere in warmen Sommern ruft der Sauerstoffmangel anaerobe

Bakterien auf den Plan, darunter den gefährlichen Botulismus-Erreger Clostridium botulinum. Er produziert ein äußerst starkes, Muskel- und Atemlähmung verursachendes Nervengift. Sind Schlamm und Wasser damit kontaminiert, kann das bei Wasservögeln bis zum Massensterben führen. Wo Wasservögel durch regelmäßige Fütterung angezogen werden, steigt die Gewässerbelastung durch unverzehrte Brotgaben und Kot noch zusätzlich. Wie erheblich die Belastung durch den Kot ist, zeigt eine Überschlagsberechnung für die 200 Hamburger Alsterschwäne: fünfzehn Tonnen Kot im Jahr. Das trägt ebenfalls zur Eutrophierung bei. Und die damit verbundene Trübung des Wassers macht nicht nur tauchenden und gründelnden Wasservögeln das Leben schwer, sondern vermindert auch die Photosynthese-Tätigkeit der Wasserpflanzen, sodass der Sauerstoffgehalt weiter abnimmt. Die freundlich gemeinte Entenfütterung hat also schädliche Folgen.

Das Stadtleben bringt für die Wasservögel aber noch weitere Gefahren mit sich. Manch gedankenlos ins Wasser geworfener Zivilisationsmüll ist keineswegs so harmlos, wie man meinen könnte. Geraten den Vögeln Plastikringe von Motorenöl-Dosen oder Plastikhalterungen von Bierdosen-Sixpacks um den Hals, können sie sich oftmals nicht selbst davon befreien und müssen im Extremfall verhungern, weil ihnen die Speiseröhre zugeschnürt ist. Genauso liegt die Verletzungsgefahr durch zerbrochene Flaschen im ufernahen seichten Wasser auf der Hand. Und auch das Freizeitvergnügen der Petrijünger hat seine Schattenseiten. Haben sie es eigentlich nur auf die Fische abgesehen, müssen doch gelegentlich auch Wasservögel dran glauben. Gründelnde Enten oder Blässhühner schnappen schon einmal nach einem Köder und haben den Haken im Hals. Einem Angler kann es passieren, dass seine Schnur sich verheddert und er sie abschneiden muss. Zwar hat er für die Angelprüfung gelernt, dass er sie dann nicht einfach liegen lassen oder ins Wasser werfen darf, weil sie zu einer tödlichen Falle werden kann – doch schwarze Schafe gibt es überall.

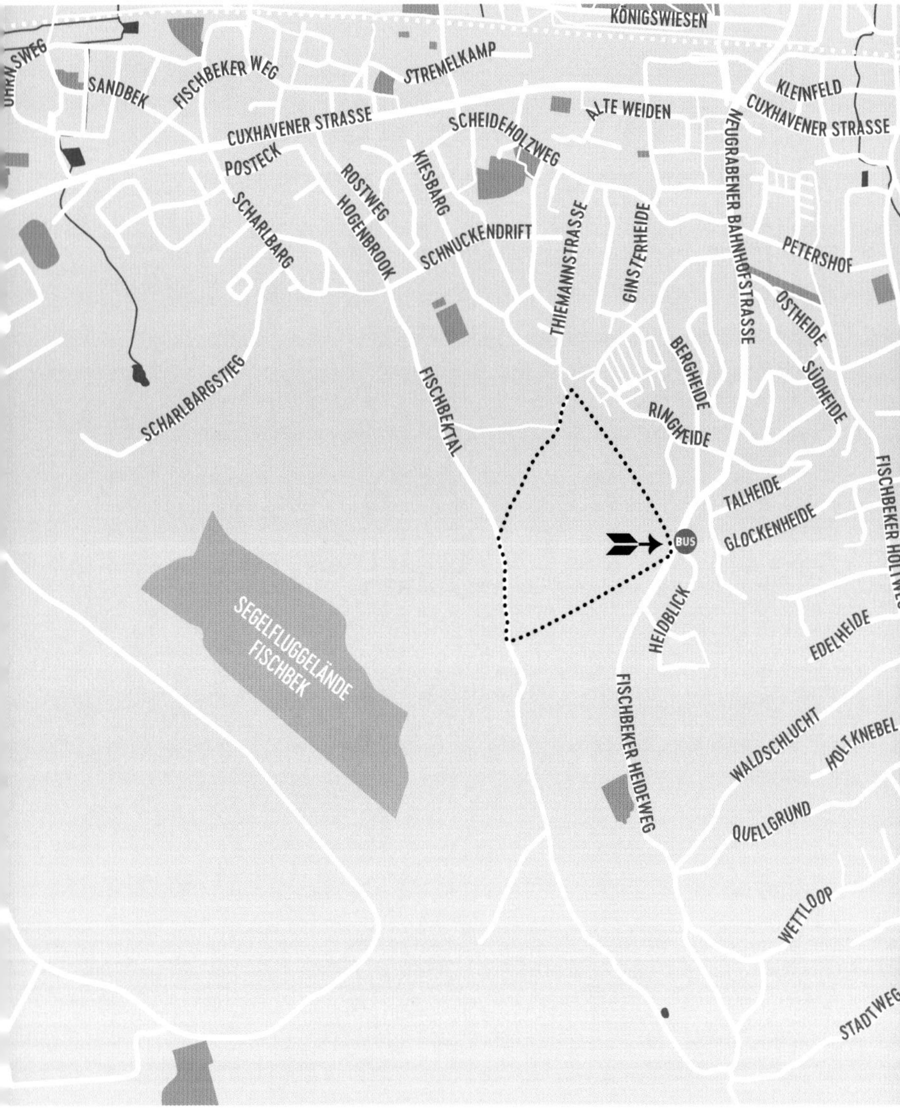
KÖNIGSWIESEN
SANDBEK
FISCHBEKER WEG
STREMELKAMP
KLEINFELD
CUXHAVENER STRASSE
ALTE WEIDEN
CUXHAVENER STRASSE
SCHEIDEHOLZWEG
POSTECK
ROSTWEG
KIESBARG
NEUGRABENER BAHNHOFSTRASSE
SCHARLBARG
HOGENBROOK
SCHNUCKENDRIFT
THIEMANNSTRASSE
GINSTERHEIDE
PETERSHOF
OSTHEIDE
BERGHEIDE
SÜDHEIDE
SCHARLBARGSTIEG
FISCHBEKTAL
RINGHEIDE
TALHEIDE
BUS
GLOCKENHEIDE
FISCHBEKER HOLTWEG
HEIDBLICK
EDELHEIDE
SEGELFLUGGELÄNDE FISCHBEK
FISCHBEKER HEIDEWEG
WALDSCHLUCHT
HOLTKNEBEL
QUELLGRUND
WETTLOOP
STADTWEG

# FISCHBEKER HEIDE

Heidelerche, Heidelibelle, Besen- und Glockenheide – das 773 Hektar große Naturschutzgebiet Fischbeker Heide bietet ihnen und vielen anderen Tier- und Pflanzenarten ein Zuhause. In der hügeligen, von Eiszeiten geprägten Landschaft mit ihren nährstoffarmen Böden wechseln Heide, Moor, Sandflächen, Trockenrasen, Wiesen und kleinere Wälder ab. Die weiten Heideflächen sind Menschenwerk. Ihre ursprüngliche Bewaldung ging besonders im Mittelalter verloren, als große Mengen Holz für die Salzgewinnung in Lüneburg benötigt wurden. Auf dem Heidesand breitete sich die lichtliebende Besenheide aus. Sie genügte als Weide für die Heidschnucken – Milch-, Fleisch- und Woll-Lieferanten der Heidewirtschaft. Die Schnucken fraßen auch Baumkeimlinge ab, sodass sich kein neuer Wald entwickeln konnte. In neuerer Zeit ließen vor allem Aufforstung und Umwandlung in Ackerland die Heideflächen schwinden. Erst jetzt hat man begonnen, verbuschte und verbaumte Bereiche zu entkusseln und von Heidschnucken beweiden zu lassen, um die Kulturlandschaft Heide wiederherzustellen.

*Die Fischbeker Heide liegt im Südwesten Hamburgs am Rande der Harburger Berge. S-Bahn (S3, S31) bis Neugraben, von dort mit der Buslinie 250 bis zum Fischbeker Heideweg. An der Bus-Wendeschleife befindet sich die Einfahrt zu einem Parkplatz. Weitere Parkmöglichkeiten in näherer Umgebung.*

## WO DIE HEIDELERCHE SINGT

Wenn die Heide blüht und sich in ihrer ganzen Schönheit zeigt, summen dort die Bienen, doch die Sangesfreude der Vogelwelt hat schon nachgelassen. Wer den Gesang der Heidelerche hören möchte, sollte sich im Frühjahr auf den Weg machen. Die weiträumige, von Baumbeständen durchsetzte sandige Hügellandschaft der Fischbeker Heide erfreut dann mit dem jungen Grün ihrer Birken und einem vielstimmigen Vogelkonzert. Unübersehbare Charakterpflanze ist die anspruchslose Besenheide, die so heißt, weil man sie früher zu Besen gebunden hat. Die Zersetzung der abgestorbenen Pflanzen hat die Bodenbeschaffenheit beeinflusst, denn die dabei entstehenden Huminsäuren entmineralisieren den Oberboden, wo der typische Heidesand bleibt, und lassen in dreißig bis vierzig Zentimetern Tiefe eine Schicht von festem und wasserundurchlässigem Ortstein entstehen. Der Heidekrautbewuchs sichert Lebensraum für etwa 300 Tierarten, insbesondere Insekten und Spinnen, darunter das seltene Heide-Grünwidderchen, eine Vielzahl verschiedener Laufkäfer und diverse Baldachinspinnen. Reptilien sind durch Bergeidechse, Zauneidechse, Blindschleiche und Kreuzotter vertreten. Die Fischbeker Heide mit ihren rund vierzig Brutvogelarten hat überdies eine ornithologische Seltenheit zu bieten: Hier brütet der Ziegenmelker, eine Nachtschwalbenart. Sie macht sich durch langanhaltendes »Schnurren« bemerkbar, das spätabends und nachts erklingt.

**FITIS** (Phylloscopus trochilus) [KENNZEICHEN] Länge 11–12,5 Zentimeter; feiner, spitzer Schnabel, dünne Beine; Oberseite olivgrün, Brust schwach gelb, Bauch weißlich, blassgelber Überaugenstreif. [STIMME] Ein weiches, deutlich zweisilbiges »hü-id«. Der liebliche, etwas schwermütig klingende Gesang besteht aus einer Folge von in der Tonhöhe sanft abfallenden Elementen. [LEBENSRAUM] Laub- und Mischwälder, Moore, Gärten mit Laubbäumen, Parks und Friedhöfe. [SONSTIGES] Zugvogel, von März/April bis September/Oktober bei uns. Nicht so häufig wie die Zwillingsart Zilpzalp.

*Fitis*

Auf dem Weg zur Endhaltestelle der Buslinie 250 geht es deutlich bergauf. Die Straßenschilder links und rechts der Strecke stimmen schon auf das Ausflugsziel ein: Bergheide, Ringheide, Kiefernheide, um nur drei zu nennen. Wenige Schritte von der Haltestelle steht eine Informationstafel mit einer Karte des Wanderwegenetzes und naturkundlichen Hinweisen. Wir wenden uns nach rechts und nehmen den steinigen, vielfach von Kiefernwurzeln durchzogenen Sandweg, der zunächst dem Rand des Naturschutzgebiets folgt. Es geht auf den Abend zu, und die Wurzeln sind noch nass vom letzten Aprilschauer, sodass wir darauf achten müssen, nicht auszurutschen. Zum Glück hat es vor einer Weile aufgeklart, und in den Kiefern, Eichen und Birken lässt sich die Vogelwelt hören. Gleich im ersten Moment erkennen wir Kohlmeise, Blaumeise, Amsel, Buchfink, Zaunkönig, Gartenrotschwanz. Ein Zilpzalp gesellt sich dazu und bald darauf auch ein **FITIS**. Wie gut, dass sie so verschieden singen, denn vom Aussehen her wären die beiden grünlich-grau gefiederten Laubsänger nur sehr schwer zu unterscheiden. Wo der Zilpzalp nur einfach immer wieder seinen Namen ruft, zeigt der Fitis mit seinem etwas melancholisch anmutenden, sanft geflöteten Liedchen eine ganz andere Musikalität. Die dritte Laubsängerart, der Waldlaubsänger, hat sich bis jetzt noch nicht hören lassen, doch vielleicht meldet er sich ja später noch.

Bald kommen wir an eine große Senke, teils sandig, teils mit Trockenrasen bewachsen. Wir wählen den Weg nach links, der am Rand der Senke bergab führt. Aus der Kiefernwaldung, an der wir entlanggehen, hören wir das unverkennbare »zigürr« der possierlichen Haubenmeise. Nach links führt ein Seitenweg einen Hang hinauf. Regen hat ihn stark ausgewaschen. In der Abflussrinne liegen vereinzelt dunkelbraune, fast schwarze Brocken, die offensichtlich eisenhaltig sind: Ergebnis der sich hier vollziehenden Zersetzungsprozesse. Oben angelangt, haben wir einen schönen Blick auf die weitläufige hügelige Heidelandschaft. In der knorrig verwachsenen Birke, die auf der Höhe Wurzeln geschlagen hat, sind mehrere Schwanzmeisen unermüdlich in Aktion. Um die poetische Heidestimmung vollkommen zu machen, singt hoch oben in der Luft eine **HEIDELERCHE** ihr melancholisches Lied. Es klingt sehr angenehm, weshalb diese Sänger früher gern als Stubenvogel gehalten wurden. Der winzige Punkt, den wir nach einigem Suchen am Himmel entdeckt haben, nähert sich langsam wieder dem Boden und wird dabei als Vogel erkennbar. Wo er landet, können wir nicht sehen. Vielleicht begibt er sich zu seinem im Heidekraut versteckten Nest. Für ein Bad im Heidesand, wie diese Art es liebt, ist es jetzt bestimmt zu feucht und zu kühl. Die Sangesfreude der Heidelerchen endet nicht unbedingt mit dem Sonnenuntergang: Sie singen gelegentlich auch nachts. Und wenn andere Vögel ihren Gesang im Herbst schon längst eingestellt haben, lassen sie ihren leisen Herbstgesang hören.

*Heidelerche*

**HEIDELERCHE** (Lullula arborea) [KENNZEICHEN] Länge 13,5–15 Zentimeter; kleiner als die Feldlerche. Sehr kurzer Schwanz und weiße, am Hinterkopf zusammentreffende Überaugenstreifen. [STIMME] Ruft wohltönend »didlui«. Der Gesang klingt weich und melancholisch. Er ist auch nachts zu hören. Die kurzen, immer wieder neu variierten Strophen bestehen meist aus Reihen gleicher Elemente, etwa »lürelürelüre«. Die Tonhöhe nimmt häufig zum Strophenende hin ab. Baumspitzen sind beliebte Singwarten, aber auch Fluggesang kommt vor. [LEBENSRAUM] Heide, Waldränder, Waldlichtungen. [SONSTIGES] Ein Teil der Heidelerchen zieht im September/Oktober fort und kehrt im Februar/März zurück, die übrigen bleiben hier. Die Zahl der Heidelerchen hat in der Fischbeker Heide, dem Verbreitungsschwerpunkt auf Hamburger Gebiet, in den letzten Jahren zugenommen. Durch Entfernen von Gehölzen und überalterten Heidepflanzen ist man den Freunden offener, sandiger Böden sehr entgegengekommen.

*Baumpieper*

Der Weg führt uns noch ein Stück weiter auf der Hanghöhe entlang. Vom Tal her ruft ein Schwarzspecht, zwei Eichelhäher sind unterwegs. Schräg den Hang hinab, stößt der schmale Heideweg auf den Hauptwanderweg Nummer 3, der am Grund des Fischbektals parallel zu einem Reitweg und einem weiteren Hauptwanderweg verläuft. Wir halten uns links. Eichen, Ebereschen, Birken begleiten den Weg. Rechts von uns lässt sich ein **BAUMPIEPER** hören: »zia zia zia«. Ganz oben in einer Eiche sitzt er, aber nicht lange, denn schon steigt er zu seinem Singflug auf. Kaum hat er nach einigen Metern stummen Aufwärtsflugs seinen Gesang begonnen, dreht er, breitet die Flügel aus, spreizt die Schwanzfedern und geht in einen Sinkflug über. Er steuert eine andere Baumspitze als Warte an. Kurz vor der Landung beginnt er die Schlussphrase seines Liedes, durch die wir auf ihn aufmerksam wurden. Nach kleiner Pause wiederholt der Vogel seine Vorführung. Gelegentlich verzichtet er auch auf die Luftakrobatik und trillert und schmettert im Sitzen. Wie die Heidelerche ist der Baumpieper ebenfalls ein Bodenbrüter. Zwar ist das Nest immer gut versteckt, was aber nichts nützt, wenn es dann doch von freilaufenden Hunden aufgestöbert wird.
Neugierig auf weitere ornithologische Beobachtungen gehen wir weiter. Plötzlich hören wir über uns in der Luft ein eigentümliches Schnarren:

**BAUMPIEPER** (Anthus trivialis) [KENNZEICHEN] Länge 14–16 Zentimeter; Oberseite braun, dunkle Längsstreifung, gelbliche Brust mit kräftiger Strichelung, Bauch weiß. [STIMME] Der laute, angenehm klingende Gesang endet meist mit einem typischen »zia-zia-zia«. Er wird im Singflug oder von einem Baum als Warte vorgetragen und ist oft mittags zu hören. [LEBENSRAUM] Moore und Heiden mit einzelnen Bäumen, lichte Wälder, Waldränder. [SONSTIGES] Zugvogel, von April bis September bei uns. Brutvorkommen nur in Hamburger Randbereichen.

Eine **MISTELDROSSEL** fliegt auf unserer Talseite hangaufwärts der Bewaldung zu. Wir lassen uns von ihr leiten und biegen beim Notfall-Treffpunkt nach links in den Wanderweg Nummer 4 ein. Wenig ausgetreten, führt er bergauf zu einer Lichtung. Wir verschnaufen ein wenig und freuen uns am Vogelgezwitscher. Eine Amsel scheint den Ton anzugeben, doch beim genauen Hinhören bemerken wir, dass der Gesang für eine Amsel zu kurz ausfällt. Der Solist ist unsere Misteldrossel. Ursprünglich fast nur in Hochwäldern brütend, haben sich Misteldrosseln besonders ab Mitte des 20. Jahrhunderts zunehmend in halb offenen Landschaften und sogar in den Großstädten angesiedelt. In Hamburg sind sie zum Beispiel auf dem Rasen zwischen den Grindelhochhäusern bei der Nahrungssuche zu beobachten. Für uns wird es langsam Zeit, zum Ausgangspunkt zurückzukehren. Immer geradeaus geht es durch unterholzreichen Wald. Da hören wir ein lautes »kliööh«. Was kann das sein? Wir gehen in die Richtung, aus der dieser Laut kommt, und entdecken am Stamm einer Buche einen großen schwarzen Vogel mit rotem Scheitel. Es ist ein **SCHWARZSPECHT**. Dieser krähengroße Vogel lebt sehr zurückgezogen, und man muss schon ein wenig Glück haben, ihn zu sehen. Oft wird der Vogelfreund erst durch die

*Misteldrossel*

**MISTELDROSSEL** (Turdus viscivorus) [KENNZEICHEN] Länge 26–29 Zentimeter; größer als die im Aussehen ähnliche Singdrossel. Graubraune Oberseite, Brust und Bauch weiß mit großen schwarzen Flecken. [STIMME] Der Flugruf, ein schnarrendes »trrr«, lässt an das mit dem Fingernagel auf einem Kamm erzeugte Geräusch denken. Der Gesang erinnert an Amselgesang, ist aber kürzer und nicht ganz so melodisch. Das von hoher Warte aus vorgetragene Lied ist schon ab Februar zu hören. [LEBENSRAUM] Wälder, Parks und große Gärten. [SONSTIGES] Jahresvogel. Die Misteldrossel zeigt Tendenzen zur Verstädterung. Sie besiedelt zunehmend innenstadtnahe Bereiche.

*Schwarzspecht*

lauten Rufe auf den scheuen Waldbewohner aufmerksam. Diese sind ein bis zwei Kilometer weit zu hören. Auch die lauten Trommelwirbel des Schwarzspechts sind weithin hörbar. Sie dienen ihm neben seinen Rufen zur Verständigung. Trommelnd machen die Männchen auf ihr Revier aufmerksam und locken Weibchen an. Haben die Paare zueinandergefunden, halten sie mit ihrem Trommeln akustisch Kontakt. Und tatsächlich hören wir in diesem Moment einen weiteren Schwarzspecht trommeln. Vielleicht gehören die beiden ja zusammen? Auf dem letzten Stück unserer Vogeltour steht rechter Hand ein Rest Krattwald mit teils bizarr gewachsenen Eichen und Birken. Er geht auf eine längst außer Gebrauch gekommene Form der Waldwirtschaft zurück, bei der die Bäume zwecks Brennholzgewinnung im Abstand von zwanzig bis dreißig Jahren immer wieder dicht über dem Boden abgesägt wurden. Die Stümpfe trieben dann neu aus. Hier im Krattwald singt uns der am Anfang unserer kurzen Wanderung vermisste Waldlaubsänger ein Abschiedslied.

**SCHWARZSPECHT** (Dryocopus martius) [KENNZEICHEN] Länge 40–46 Zentimeter; größter Specht. Schwarzes Gefieder, großer elfenbeinfarbener Schnabel, helle Iris. Beim Männchen ist der gesamte Scheitel rot, beim Weibchen nur der hintere Teil. Fliegt geradlinig und nicht in Bögen wie der Buntspecht. [STIMME] Sehr ruffreudig. Flugruf: »kürr, kürr, kürr«, Standortruf: »kliööh«, Warnruf: »kijak« und besonders während der Brutzeit ein laut schallendes »kwii, kwi, kwi, kwi, kwi, kwi, kwi«. [LEBENSRAUM] Ältere Buchen- und Mischwälder, aber auch Kiefernwälder. [SONSTIGES] Jahresvogel. Der Schwarzspecht ist wesentlich seltener als der Buntspecht. 2012 wurden nur 23 Brutpaare gezählt (Buntspecht: 3000 Brutpaare). Während der Buntspecht auch in Innenstadtnähe brütet, lebt der Schwarzspecht eher in Wäldern am Stadtrand.

### HIER VORKOMMENDE BRUTVÖGEL

*Amsel, Baumpieper, Blaumeise, Buchfink, Buntspecht, Eichelhäher, Fichtenkreuzschnabel, Fitis, Gartenbaumläufer, Gartengrasmücke, Gartenrotschwanz, Gimpel, Grauschnäpper, Grünfink, Haubenmeise, Heckenbraunelle, Heidelerche, Kernbeißer, Kleiber, Kohlmeise, Mäusebussard, Misteldrossel, Mönchsgrasmücke, Rabenkrähe, Ringeltaube, Rotkehlchen, Schwanzmeise, Schwarzkehlchen, Schwarzspecht, Singdrossel, Star, Tannenmeise, Waldbaumläufer, Waldlaubsänger, Waldohreule, Waldschnepfe, Wiesenpieper, Zaunkönig, Ziegenmelker, Zilpzalp.*

### TIPPS

*➔ Nähere Auskünfte über das Naturschutzgebiet erhält man im Infohaus Fischbeker Heide der Loki Schmidt Stiftung (Fischbeker Heideweg 43 A, Telefon (040) 702 661 8), geöffnet dienstags bis freitags von 9 bis 13 Uhr, an Sonn- und Feiertagen von 11 bis 17 Uhr. Das Infohaus bietet auch verschiedene naturkundliche Veranstaltungen an. ➔ Im Sommer bieten der NABU, www.hamburg.nabu.de, Telefon (040) 6970890, und die Schutzgemeinschaft Deutscher Wald, www.sdw.de, Telefon (040) 302 156 530, Führungen zum seltenen Ziegenmelker an. ➔ Eine gute Gebietskarte hat die Behörde für Umwelt und Energie herausgegeben, www.hamburg.de/bue/, Telefon (040) 428 403 416.*

### EIGENE BEOBACHTUNGEN

## NAHRUNG UND NISTPLÄTZE – VOGELBIOTOP STADT

Umtost vom brodelnden Verkehr sitzt eine Amsel auf einer Straßenlaterne und flötet ihr melodisches Lied. Im Morgendunst eines erwachenden Frühlingstags bringt sie einen Hauch von Natur in die lärmende und stinkende Geschäftigkeit der Rushhour. Vielleicht dringt ihr wohltönender Gesang ja doch in das Ohr des einen oder anderen sensiblen Großstädters und mag ihn an eine andere Zeit erinnern, als es um uns herum noch nicht so geräuschvoll zuging.

Amseln sind Städter geworden. Lebten sie noch vor hundert Jahren vorwiegend in der Einsamkeit der Wälder, so haben sich jetzt viele der auch als Schwarzdrosseln bezeichneten Vögel als unsere Nachbarn in Gärten und Parks angesiedelt. Doch auch im Einerlei der Wohnblocks bauen sie Nester und wagen sich sogar in die Stadtzentren. Was hat den einst so zurückgezogen lebenden, scheuen Vogel in die Stadt verschlagen? Eine Antwort gibt uns der Sänger auf der Straßenlaterne gleich selber. Er fliegt jetzt nämlich auf eine Verkehrsinsel hinunter, hüpft suchend auf dem kurzgeschorenen Rasen umher und zieht schon im nächsten Moment einen fetten Regenwurm aus der feuchten Erde.

Die Stadt bietet unserer Amsel Nahrung in Hülle und Fülle. Besonders der allgegenwärtige »englische Rasen« mit seinen im Boden lebenden Würmern und Insekten lockt mit reich gedecktem Tisch. Statt wie früher im Waldboden nach Essbarem zu suchen, stochert unser kleiner Städter jetzt lieber im monotonen Einheitsgrün menschlicher Siedlungen nach Schmackhaftem. Plötzlich mischen sich schrille »sriih-sriih«-Rufe in den Verkehrslärm. Mit sichelförmigen Flügeln sausen Mauersegler durch die laue Luft. In atemberaubender Geschwindigkeit jagen sie mit halsbrecherischen Flugmanövern nach Insekten.

Aber nicht nur das günstige Nahrungsangebot zieht diese Luftakrobaten in die Städte. Ursprünglich Felsbewohner, haben sie schon seit Langem erkannt, welche attraktiven Nistmöglichkeiten Altbaufassaden, Fabriken oder Kirchtürme als Felsersatz bieten. Dies war auch für Dohle, Turmfalke oder Hausrotschwanz ein Grund, in der Stadt heimisch zu werden.

*Mauersegler*

Vögel lassen uns das hektische Getriebe der Großstadt leichter ertragen. Sie sind fast überall zu beobachten und erinnern immer wieder daran, dass die Stadt nicht allein den Menschen gehört. Wir treten bereitwillig auf die Bremse, wenn die Stockentenmama mit ihren Kleinen im Gänsemarsch über eine viel befahrene Straße watschelt, schauen gerührt durch die Windschutzscheibe, und für einen Moment werden alle wichtigen Termine unwichtig. Wir müssen schmunzeln, wenn freche Spatzen im Straßencafé Kuchenkrümel von unserem Teller stibitzen. Ohne auf die Kalorien zu achten, bestellen wir gleich nach, nur um uns weiter von den gewitzten Tischnachbarn unterhalten zu lassen.

Im Laufe der Geschichte haben sich die Vögel die Städte nach und nach erobert und sind dort heimisch geworden. Die größte Chance, im künstlichen, vom Menschen dominierten Umfeld zu überleben, hatten Arten, die sich leicht den neuen Gegebenheiten anpassen konnten. Sensibleren Naturen wie der Nachtigall wird man deshalb in der Stadt nicht so oft begegnen. Den Anfang machten Felsenbrüter wie Felsentaube oder Mauersegler. Sie tauschten Steilwände an Küsten oder zerklüftete Gebirgsfelsen gegen die Kunstfelsen menschlicher Siedlungen ein. Stadttauben gab es schon im alten Rom, und Mauersegler flitzten bereits im Mittelalter über Dächer und Zinnen von Städten und Ritterburgen. Als die Städte allmählich über die Stadtmauern hinaus und ins Umland hinein wuchsen, zogen immer mehr Vogelarten in die mit Gärten und

*Haussperling*

Parks aufgelockerten Siedlungen. Besonders Waldrandbewohner wie Zaunkönig, Rotkehlchen oder Dompfaff fanden hier ein neues Domizil.

*Turmfalke*

Spatzen sind schon seit jeher Bewohner menschlicher Siedlungen und haben es perfekt gelernt, sich im Großstadtdschungel durchzuschlagen. Sie brüten in Leuchtreklamen, schnappen den Tauben flink die Körner weg und picken sich tote Insekten von Kühlerfronten und Windschutzscheiben parkender Autos. Trotz ihrer dauernden Nähe zum Menschen sind sie misstrauisch geblieben. Das kann jeder bestätigen, der einmal versucht hat, Spatzen aus der Nähe zu fotografieren. Immer auf Abstand bedacht, sind die vorsichtigen Gesellen ständig auf dem Sprung.

Die Stockente eroberte erst vor wenigen Jahrzehnten den Lebensraum Stadt. So wurde in Hamburg 1913 das erste Brutpaar beobachtet. Heute leben zwischen 15 000 und 20 000 Stockenten in der Hansestadt. Einer der Gründe für diesen enormen Zuwachs ist die häufige Fütterung durch Spaziergänger. Dabei legten die Wasservögel weitgehend ihre Scheu vor dem Menschen ab. Heute ist die Artenvielfalt in der Stadt oft größer als auf dem Land. Das ist kein Wunder, denn in den ausgeräumten Landschaften und den mit Giften verseuchten Monokulturen finden die meisten Vögel keinen Platz mehr. Was bleibt ihnen also anderes übrig, als umzuziehen. Ein Beispiel sind die zu Unrecht verrufenen Elstern. Ihres natürlichen Lebensraums weitgehend beraubt und permanent aus zweifelhaften Gründen bejagt, mussten diese klugen Vögel wohl oder übel nach anderem Verbleib Ausschau halten. In der Stadt fanden sie – wie viele weitere Arten – ge-

nügend Nahrung und ausreichende Brutmöglichkeiten. Im vogelkundlich besonders gut untersuchten, mit Grünflächen reichlich gesegneten Hamburg brüten etwa 160 Vogelarten.
Auch die Zahl der Individuen einer Art ist in der Stadt häufig wesentlich höher als im Umland. Gartenamseln können eine zehnmal höhere Siedlungsdichte erreichen als Waldamseln; bei so vielen Regenwürmern ist das nicht erstaunlich. In der Stadt können wir uns darauf verlassen, auf Schritt und Tritt Vögel zu sehen und zu hören. Ganz nebenbei bescheren sie uns einen dauernden Kontakt zur Natur. Es ist einfach eine Freude, wenn man in der heimischen Dachwohnung die lauten Rätsch-Rufe eines Eichelhähers hören kann. Der bunte Rabenvogel – von Haus aus Waldbewohner – hat sich auf einer Fernsehantenne niedergelassen, um sein Gefieder zu putzen. Auf dem Weg zum Supermarkt kreuzt eine Bachstelze unseren Weg. In wellenförmigem Flug überquert der kleine, langschwänzige Vogel die viel befahrene vierspurige Straße und landet auf dem Dach einer Tankstelle. Und auf dem Weg zur Post ist mitten im belebten Stadtteil Eppendorf ein Buntspecht zu entdecken: An einer Birke sucht er nach Insekten.
Ist die Stadt ein Vogelparadies? Die vielen verschiedenen Arten und die manchmal hohe Individuendichte scheinen dafürzusprechen. Doch es drohen etliche Gefahren: Die Automassen fordern ihren Tribut, freilaufende Hunde können seltene Bodenbrüter wie den Waldlaubsänger gefährden, oder streunende Katzen rauben immer wieder Nester aus.
Etliche Vögel prallen auch im Flug an große Fensterscheiben von Büro- oder Wohnhäusern.
Große Vogelpopulationen zeigen auch nicht immer an, dass es diesen Tieren besonders gut geht. Ein Paradebeispiel sind unsere Straßentauben. Ihre Zahl ist groß, da sie Nahrung in Hülle und Fülle finden und sich kaum vor natürlichen Fein-

*Amsel*

Alpensegler

den wie etwa dem Wanderfalken in Acht nehmen müssen. Die hohe Dichte erhöht jedoch den sozialen Stress. Kämpfe um günstige Nistplätze nehmen zu, die Tauben stören sich gegenseitig beim Brüten, und viele bleiben sogar ganz wohnungslos. Ständige Fütterung lässt auch kranke Vögel überleben, die dann oft Artgenossen anstecken. Deshalb sehen manche Stadttauben so elend und zerzaust aus.

Die städtische Vogelwelt wandelt sich ständig. Konnte man nach dem Zweiten Weltkrieg die Haubenlerche häufig auf Trümmergrundstücken beobachten, so ist sie heute in vielen Städten schon eine Rarität, denn mit dem Wiederaufbau verschwanden diese Ersatzlebensräume des Steppenvogels. Kaum zu glauben, aber wahr: Sogar die Zahl der Spatzen – bisher eine Allerweltsart – nimmt mancherorts ab. Andere Vögel wie etwa die Misteldrossel haben vor noch gar nicht so langer Zeit die Stadt als neuen Lebensraum entdeckt und werden allmählich häufiger. Selbst Exoten kann man heutzutage in den Parks einiger Städte begegnen. So leben etwa kleine Populationen von aus Käfigen entwichenen asiatischen Halsbandsittichen in einigen deutschen Städten.

Die Zahl der in der Stadt vorkommenden Vogelarten ist nicht überall gleich groß. Dort, wo kaum Grün vorhanden ist, wie im Zentrum, leben nur fünf bis vielleicht zehn Arten, in aufgelockerten Wohnvierteln dann schon erheblich mehr, und in Parks und Gärten sind bis zu neunzig verschiedene Vogelarten zu beobachten. Man wird auch nicht in jeder Stadt die gleichen Vögel sehen. Die mit dem Mauersegler verwandten Alpensegler, die in Freiburg an Hauswänden brüten, wird man in Hamburg vergeblich suchen. Dafür brüten in der Hansestadt gelegentlich Silbermöwen, die in süddeutschen Städten wohl kaum anzutreffen sind.

H.-PLETT-STR.
BARON-VOGHT-STR.
MÜLLENHOFFWEG
PAPENKAMP
BESELERSTRASSE
DÜRERSTRASSE
GIESESTRASSE
MENDELSSOHNSTRASSE
FRIEDENSALLEE
BAURSTRASSE
GASSTRASSE
BAHRENFELD
WAITZSTRASSE
OTHMARSCHEN
KLEIN FLOTTBEK
OTTO-ERNST-STRASSE
JÜRGENSALLEE
HAMMERICHSTR.
REVENTLOWSTRASSE
A7
BEHRINGSTRASSE
GRIEGSTRASSE
HOHENZOLLERNRING
HOCHRAD
BARON-VOGHT-STRASSE
HOLZTWIETE
KLEIN FLOTTBEKER WEG
EMKENDORFSTR.
OTHMARSCHER KIRCHENWEG
HOLMBROOK
PARKSTR.
DROYSENSTR.
HALBMONDSWEG
ANSORGESTR.
BLEICKENALLEE
ALBERTIWEG
BERNADOTTESTRASSE
HOHENZOLLERNRING
BUS
NEU
TEUFELSBRÜCK
ELBCHAUSSEE
LEEGERWALL
BUBENDEYWEG
HEIN-SASS-WEG
FOCKSWEG
TANKWEG
FINKENWERDER NORDERDEICH
NORDERKIRCHENWEG
OSTFRIESLANDSTR.
ALTE AUE
ANTWERPENSTRASSE

# ELBWANDERWEG

Was wäre das »Tor zur Welt« ohne die Elbe? Der Strom machte die Stadt schon früh zu einem pulsierenden Handelszentrum. Bereits im 17. Jahrhundert siedelten sich von Handel und Wandel gestresste Hamburger und Altonaer Kaufleute westlich von Altona am Elbufer an, um dort auf Landsitzen und in »Lustgärten« Ruhe und Erholung zu finden. Diese Landsitzkultur blühte besonders zwischen 1780 und 1840. Bekannte Namen dieser großbürgerlichen Kultur sind der vielseitig interessierte Caspar Voght, Schöpfer des Jenischparks in Klein Flottbek, Georg Heinrich Sieveking, Besitzer eines von vielen Geistesgrößen besuchten Sommersitzes in Neumühlen, und die im Überseehandel tätigen Godeffroys mit ihren weitläufigen Gartenanlagen in Dockenhuden, auf die auch der Hirschpark zurückgeht. Erholungssuchende können heute auf dem Elbwanderweg am Elbufer entlangspazieren. Er verläuft zumeist ufernah und erlaubt Abstecher in die verschiedenen Elbparks. Auf der einen Seite hat man die Elbe mit ihrem Schiffsverkehr im Blick, auf der anderen den grünen Elbhang.

*Der Elbwanderweg führt von Neumühlen bis Wedel am Elbufer entlang. (Beschrieben wird hier die Strecke zwischen Neumühlen und Teufelsbrück.) Neumühlen: Buslinie 112 oder Elbfähre 62; Teufelsbrück: Buslinien 21, 36, 39 und 286 oder Elbfähre 64. Parkplätze in Neumühlen und Teufelsbrück.*

## AM GRÜNEN SAUM DER ELBE

Ein mit Schlepperhilfe aufgekommener Containerfrachter hat Bewegung ins Elbwasser und die Schiffe im Museumshafen Övelgönne ins Dümpeln gebracht. Dort liegen kleinere Segler und Dampfschiffe, alles ehemalige Arbeitsschiffe, die ihre Aufgaben in unserer Hightech-Zeit längst verloren haben. Die maritime Atmosphäre lässt sich gut im Kaffeegarten überm Wasser genießen. Der dort beginnende Elbwanderweg hat außer der Elbe noch einiges mehr zu bieten. Er führt an Stränden entlang und berührt die alten Elbparks. In Övelgönne reihen sich die malerischen Kapitänshäuser. Wo sich die Bebauung verliert, wird es richtig grün: viel alter Baumbestand, Gebüsch und bei genauerem Hinsehen eine bunt gemischte Fülle von krautigen Gewächsen, darunter verwilderte Gartenpflanzen wie Gartenveilchen und Gemswurz sowie Vertreter der Stromtalflora wie Engelwurz und Elb-Spitzklette. Gelegentlich tuten Schiffe auf der Elbe, ohne dass sich die Vögel in ihrem Gezwitscher stören lassen. Etwas über vierzig Brutvogelarten leben im Bereich des Elbwanderwegs. Viele ehemalige Waldvögel wie Singdrossel, Eichelhäher und Waldkauz gehören dazu. Möwen, Kormorane und andere Wasser- und Küstenvögel zeigen sich im Vorbeifliegen, brüten aber an Plätzen mit weniger Publikumsverkehr. Der Elbwanderweg ist unter Landschaftsschutz gestellt, nicht zuletzt wegen seiner Bedeutung als Naherholungsgebiet.

**SILBERMÖWE** (Larus argentatus) [KENNZEICHEN] Länge 54–60 Zentimeter; Rücken und Flügel der ausgewachsenen Silbermöwe im Prachtkleid ein helles Blaugrau, schwarzweiße Flügelspitzen; Beine fleischfarben, Schnabel gelb mit orangerotem Fleck vor der Spitze des Unterschnabels. [STIMME] Rufe sehr vielseitig: wiederholtes durchdringendes »kiou«, miauend »aau, aau, kjau«, bellend »kau« oder klares »gagaga«. [LEBENSRAUM] Meeresküsten, Flussmündungen, Binnenland. [SONSTIGES] Jahresvogel. Eine größere Brutkolonie befindet sich auf der Hohen Schaar im Hamburger Hafen.

Auf dem Oberdeck der Elbfähre 62 weht uns der Wind um die Nase und riecht aprilfrisch nach Elbe. An den Landungsbrücken sind wir eingestiegen, wo ein paar Frühaufsteher sich daran freuen, wie die Möwen hochgeworfene Brötchenbrocken gekonnt in der Luft erhaschen. Vorbeifliegende und auf dem Wasser schwimmende Möwen sehen wir auch von der Fähre aus. Die Lachmöwen mit ihrem dunklen Kopf sind leicht zu erkennen, doch bei vielen ihrer Verwandten wissen wir nicht Bescheid. Möwen zu bestimmen ist Expertensache, denn die Färbung ihres Federkleids hängt sowohl von ihrem Lebensalter als auch von der Jahreszeit ab. Am Anleger Neumühlen endet für uns die Schiffsreise. Passenderweise liegt im Museumshafen der kleine Ewer »Moewe« vertäut, und auf seinem Bugsprit rastet eine **SILBERMÖWE**, die den Stockenten dabei zusieht, wie sie zwischen den Schiffen herumschwimmen. Der stattliche Vogel mit den blaugrauen Flügeln, den fleischfarbenen Beinen und dem roten Fleck unten am gelben Schnabel ist vielleicht von der Hohen Schaar in Wilhelmsburg herübergekommen. Dort brüten neben zahlreichen Silbermöwen auch Sturmmöwen, Heringsmöwen und Schwarzkopfmöwen. Der rote Fleck am Unterschnabel der Silbermöwe hat eine zentrale Bedeutung bei der Jungenaufzucht: Die bettelnden Jungvögel picken dagegen und veranlassen damit den Altvogel, anverdaute Nahrung für sie auszuwürgen. Unsere Möwe fliegt mit jauchzendem »aau aau« ab.

Auf der Verbindungsbrücke zum Land haben wir etwas Steigung zu überwinden, denn es ist Niedrigwasser. An diesem Sonntagmorgen hat der Spaziergängerstrom noch nicht eingesetzt, und so können wir ungestört an der malerischen Häuserzeile der Övelgönne entlangschlendern. Am Athabaska-Kai am anderen Elbufer liegt ein wuchtiger Containerfrachter und bekommt neue Ladung. In den zum Strand hin

*Silbermöwe*

*Rotkehlchen*

abfallenden Gärtchen flötet eine Amsel, auf dem Gitter eines Jägerzauns schmettert, am ganzen Körper vibrierend, ein Zaunkönig sein weithin hörbares Liedchen, in einer Birke turnen zwei Kohlmeisen. Die Övelgönne geht in das Hans-Leip-Ufer über. Rechts zieht sich jetzt Schröders Elbpark hoch. Bänke oberhalb eines Rasenstücks laden uns zur Rast ein. Seitlich von uns und gar nicht weit entfernt singt stimmungsvoll ein **ROTKEHLCHEN**. Es sitzt auf einem Ahornzweig und zeigt sich von seiner besten Seite: In warmem Rot leuchtet seine Brust in der Morgensonne. Der Anblick des hübschen Vögelchens rührt uns an. Sein großer, rundlich wirkender Kopf mit den beeindruckenden dunklen Augen entspricht dem »Kindchenschema«. Die dadurch ausgelöste instinktive Regung weckt den Wunsch, diesen liebenswürdigen Vogel in die Hand zu nehmen und sich um ihn zu kümmern. Das Rotkehlchen trägt noch zusätzlich dazu bei, wenn es sich hüpfend Spaziergängern oder Gärtnern nähert, als wären ihm diese sympathisch. Tatsächlich hofft der Vogel auf Leckerbissen in umgewühltem Laub oder frisch aufgegrabener Erde.

Am Strand liegt ein riesiger Findling. Eine Bachstelze nutzt ihn als Aussichtspunkt. Der Wippsteert ist hier am Elbufer in einem ihm gemäßen

**ROTKEHLCHEN** (Erithacus rubecula) [KENNZEICHEN] Länge 12,5–14 Zentimeter; Gesicht, Kehle und Brust orangerot; Oberseite olivbraun, helle Unterseite. [STIMME] Ein scharfes »zick«, das bei Erregung schnell wiederholt wird (das »Schnickern«). Perlender, wehmütig und feierlich klingender Gesang. Beginn mit feinen, hohen Tönen, dann klare Flötentöne und Triller; häufiger Wechsel in Tempo und Tonhöhe. Es singen nicht nur – wie bei den meisten Vogelarten üblich – die männlichen Rotkehlchen, sondern auch die Weibchen. Der Gesang ist fast das ganze Jahr über zu hören. [LEBENSRAUM] Feuchte, unterholzreiche Laub- und Mischwälder, naturnahe Parks und Gärten. [SONSTIGES] Teilzieher, ein kleiner Teil der Rotkehlchen-Population zieht im September/Oktober fort und kehrt im März/April zurück, die übrigen bleiben hier. In Hamburg nimmt der Bestand kontinuierlich zu.

Biotop, doch was hat der erratische Block hier zu suchen? Ein Informationsschild klärt auf: Der 217 Tonnen schwere Granitklotz wurde vor rund 400 000 Jahren von den Gletschern der Elstereiszeit aus Småland hierher transportiert. 1999 entdeckte man ihn beim Ausbaggern der Elbe, gab ihm am Strand einen neuen Platz und taufte ihn »Alter Schwede«. Wir wandern weiter. Von der anderen Elbseite her zeigt uns der Uhrturm des Lotsenhauses die Zeit. Auf unserer Seite des Ufers fällt uns eine alte Weide auf. Im Erdreich wurzelnd, ist einer ihrer Stämme zum Strand hin gebogen und scheint sich im Sand abstützen zu wollen – ideal für kleine Klettermaxe. Ein Geraschel am Hang lässt uns innehalten und beschert uns eine nicht alltägliche Beobachtung: Im Bodenlaub und dichtem Efeubewuchs trudelt ein wild bewegtes kleines Federknäuel auf uns zu. Als es kaum mehr als einen Meter entfernt ist, erkennen wir zwei **ZAUNKÖNIGE** in einem heftigen Nahkampf. Mit Krallen und Schnäbeln traktieren sie sich so ingrimmig, dass sie anscheinend gar nicht mehr auf ihre Umgebung achten. Schließlich bemerken sie uns wohl doch und brechen ihren Kampf ab, um Deckung suchend abzuschwirren. Die winzigen Kämpfer haben sich anscheinend einen Revierkampf geliefert. Das liegt in diesem Gelände mit großen alten Laubbäumen und ausgedehnten

*Zaunkönig*

**ZAUNKÖNIG** (Troglodytes troglodytes) [KENNZEICHEN] Länge 9–10,5 Zentimeter; sehr klein; kurzer, zumeist aufgestellter Schwanz. Das bräunliche Gefieder ist dicht gebändert. [STIMME] Ein lautes, hartes »zick zick-zick«. Bei starker Erregung ein schnurrendes »zerr«. Der schmetternde Gesang ist bis zu 500 Meter weit hörbar. In den relativ langen Strophen folgen Triller verschiedener Länge und Lautstärke aufeinander. Der Zaunkönig singt fast das ganze Jahr. [LEBENSRAUM] Unterholzreiche Laub- und Mischwälder, naturnahe Parks und Gärten. [SONSTIGES] Jahresvogel. In Hamburg hat der Bestand in den letzten Jahrzehnten um das Vier- bis Fünffache zugenommen.

*Austernfischer*

Gebüschen auch nahe, denn oft sind hier drei oder mehr Zaunkönige gleichzeitig zu hören. Es sind also viele, die ein Stück dieses idealen Zaunkönig-Biotops für sich beanspruchen.

Weiter geht es nun am Hans-Leip-Ufer. Auf der Elbe sind schon einige Sportsegler unterwegs, und ein Motorboot prescht vorbei. Von Finkenwerder her steuert die Fähre 64 Teufelsbrück an. Nicht weit von uns ragt dunkel ein stählernes großes Seezeichen aus dem Wasser. Es zeigt zwei auf die Spitze gestellte Dreiecke übereinander. Vier Kormorane nutzen die Konstruktion als Rastplatz, einer hat seine Flügel zum Trocknen gespreitet. Elbabwärts fliegen zwei **AUSTERNFISCHER**, kenntlich an der in Schwarz gefassten weißen Flügelbinde, dem entenartigen Flug und ihrem laut gerufenen »kliip«. Als wir in Teufelsbrück ankommen, treffen wir einen der beiden wieder. Er sitzt oben auf dem wimpelartigen Metallschild mit dem aufgemalten Teufel, das auf der kleinen Landzunge aufgestellt ist. Deutlich ist jetzt sein langer und kräftiger roter Schnabel zu sehen. Damit kann er Muscheln durch Stochern im Schlick aufspüren, wobei ihm spezielle Sinneszellen zustattenkommen. Mit der harten Schnabelspitze vermag er die Beute geschickt zu öffnen. Die Bezeichnung Austernfischer ist allerdings irreführend, denn Austernschalen

**AUSTERNFISCHER** (Haematopus ostralegus) [KENNZEICHEN] Länge 39–44 Zentimeter; großer, auffallend schwarz-weiß gefärbter Watvogel; langer roter Schnabel, rote Beine. [STIMME] Warnruf ein schrilles »kliip, kliip«. Der im Flug vorgetragene Gesang besteht aus wiederholtem lauten und wohlklingenden »tülie«. [LEBENSRAUM] Meeresküsten, Fluss- und Seeufer, Feuchtwiesen. [SONSTIGES] Teilzieher. Ein Teil der Austernfischer zieht im September/Oktober fort und kehrt im März/April zurück, die übrigen bleiben hier. Nördlich der Elbe lebende Hamburger Austernfischer brüten gelegentlich auf kiesbedeckten Flachdächern (Osdorf, Groß Flottbek, Ottensen) – ein Anzeichen zunehmender Verstädterung.

sind ihm zu dick. Es müssen auch nicht immer Muscheln sein: Hamburger Austernfischer suchen sich genauso gern Regenwürmer. Noch vor hundert Jahren hielt man sich in den Seestädten gelegentlich Austernfischer, um im Garten Schnecken und Insekten kurzzuhalten. Die Vögel brüten normalerweise in offenem, wenig oder gar nicht bewachsenem Gelände, in Hamburg sogar manchmal auf kiesbedeckten Flachdächern. Unser Austernfischer fliegt jetzt landeinwärts ab.

Auf dem Weg zur Bushaltestelle fällt uns noch eine Möwe auf. Sie sitzt auf einer Straßenbeleuchtung an der Elbchaussee. Ihr Schnabel ist zwar gelb und hat einen roten Punkt wie bei der Silbermöwe, doch er ist viel mächtiger. Außerdem ist unsere Möwe wesentlich größer und hat eine schwärzliche Oberseite. Wir haben eine **MANTELMÖWE** im Blick. Jetzt fliegt sie mit langsamen Schlägen ihrer breiten Flügel auf die Elbe hinaus. Die Mantelmöwe ist sehr kräftig und nicht selten jagt sie Lachmöwen und anderen Meeresvögeln die Beute ab. Das kann im Fluge, aber auch auf dem Wasser oder am Boden geschehen. Will eine Mantelmöwe eine Muschel fressen, lässt sie diese aus der Luft auf eine harte Unterlage fallen, damit das Gehäuse zerplatzt. So macht es ja manchmal auch die Silbermöwe.

*Mantelmöwe*

**MANTELMÖWE** (*Larus marinus*) [KENNZEICHEN] Länge 61–74 Zentimeter; größte Möwe. Rücken und Flügel der ausgewachsenen Mantelmöwe im Prachtkleid sind von schwärzlicher Farbe, die Beine rosa. Mächtiger gelber Schnabel mit orangerotem Fleck vor der Spitze des Unterschnabels. [STIMME] Tief tönend »kau« oder auch«gagagagag«. [LEBENSRAUM] Die Mantelmöwe ist stark an das Meer gebunden. Im Binnenland weniger häufig. [SONSTIGES] 2012 konnte in Hamburg keine Mantelmöwe als Brutvogel nachgewiesen werden.

### HIER VORKOMMENDE BRUTVÖGEL

*Amsel, Bachstelze, Baumfalke, Blässhuhn, Blaumeise, Buchfink, Buntspecht, Eichelhäher, Elster, Fitis, Gartenbaumläufer, Gartengrasmücke, Gartenrotschwanz, Gimpel, Grauschnäpper, Grünfink, Grünspecht, Hausrotschwanz, Haussperling, Heckenbraunelle, Kernbeißer, Klappergrasmücke, Kleiber, Kohlmeise, Kormoran, Mäusebussard, Misteldrossel, Mönchsgrasmücke, Rabenkrähe, Ringeltaube, Rotkehlchen, Schwanzmeise, Singdrossel, Sperber, Star, Stockente, Tannenmeise, Teichhuhn, Trauerschnäpper, Turmfalke, Uhu, Waldkauz, Wintergoldhähnchen, Zaunkönig, Zilpzalp.*

### TIPPS

→ *Besonders in der Zeit von Juli bis September lassen sich verschiedene Möwen- und Seeschwalbenarten von der Elbfähre 62 aus beobachten (Fernglas nicht vergessen!). Sie fährt von den Landungsbrücken bis Finkenwerder und zurück, Abfahrt ist viertelstündlich.* → *Bei Ebbe stehen auf dem Leitdamm beim Fähranleger »Dockland« oft viele Möwen, aber manchmal auch einzelne Kormorane oder sogar einmal ein Austernfischer.*

### EIGENE BEOBACHTUNGEN

## ALLERWELTSVOGEL AUF DEM RÜCKZUG – DER HAUSSPERLING

Die Teilnehmerin einer vogelkundlichen Kurzwanderung im Hamburger Stadtpark erzählte einmal die rührende Geschichte vom Spatzenkind namens Kläuschen. Es war kurz nach Ende des Zweiten Weltkriegs, als ihre Mutter einen verängstigten Vogel aus dem leicht angekokelten, in den Schornstein ihres Hauses hineingefallenen Nest barg. Die kleine Vogelfreundin machte sich – eifrig unterstützt von ihren Klassenkameraden – sofort ans Fliegenfangen, und schon bald wurde aus dem hilflosen Findelkind ein wohlgenährter Spatz. Kläuschen entpuppte sich allerdings als Spatzenmädchen, denn dem Vogel fehlten die Merkmale der Männchen wie schwarze Kehle und grauer Scheitel. Diese Geschichte zeigt sehr schön, wie eng sich Haussperlinge an den Menschen angeschlossen haben. Sie bauen ihr Nest gern an berankten Wänden oder in Höhlungen und Nischen von Gebäuden, was ihnen dann im Fall von Schornstein- oder Regenrohröffnungen allerdings auch zum Verhängnis werden kann.

Als der Mensch sein Leben noch als Jäger und Sammler fristete, war er für Spatzen uninteressant. Diese lebten damals als Wildvögel in den Steppen Asiens und fraßen vor allem Grassamen. Später wurde der Mensch sesshaft, baute Getreide an, und schon begannen die Spatzen sich für ihn zu interessieren. Zog der Mensch um, begleiteten sie ihren neuen Nahrungsspender, und wenn der Spatz dies nicht aus eigener Kraft schaffte, half der Mensch nach: Europäische Kolonisten nahmen ihn als Erinnerung an die alte Heimat mit über die Ozeane nach Amerika, Australien und Neuseeland. Heute leben Spatzen – von der Antarktis einmal abgesehen – auf allen Kontinenten.

Haussperlinge sind perfekte Anpassungskunstler. Sie brüten in von Menschen wimmelnden Ankunftshallen der Flughäfen, in lärmenden Fabriken, ja selbst tief unter der Erde in Kohlebergwerken, wo sie sich von den Kumpeln füttern lassen. Die kleinen Piepmatze suchen unsere Nähe.

*Haussperling*

Städte sind deshalb für sie zu einem wichtigen Lebensraum geworden. Das geht so weit, dass die Spatzen schnell verschwinden, wenn der Mensch eine Siedlung aufgibt. Auch auf dem Land entfernen sie sich nie weit von Gehöften und Scheunen. Wenn es ums Fressen geht, sind Spatzen nicht sehr wählerisch. Standen früher vor allem Pflanzensamen auf ihrem Speisezettel, finden die Nahrungsopportunisten heute in den Städten auch Geschmack an herumliegenden Essensresten.

Obwohl man den Spatzen ein gehöriges Maß an Frechheit nachsagt, sind sie doch scheue und misstrauische Vögel geblieben. Immer auf der Hut, nehmen sie sofort Reißaus, sobald ihnen etwas verdächtig erscheint. Wer sich in einem Gartencafé mit Kaffee und Kuchen niederlässt, muss damit rechnen, dass die Spatzen schon startbereit in den Büschen sitzen. Schnell kommt der erste, besonders mutige herbeigeflogen, hüpft unter den Tisch und holt sich Kuchenkrümel. Schon folgt der nächste, und schließlich ist die ganze Spatzenschar um den Gast versammelt. Mit lautem Tschilpen streiten sich die Nimmersatten um die begehrten Näschereien. Ganz Kecke landen sogar auf dem Tisch, nähern sich vorsichtig dem Kuchenteller und verputzen die Schlagsahnereste. Ein plötzliches Geräusch oder eine falsche Handbewegung – und schon surren die Spatzen zurück in ihr schützendes Gebüsch. Doch schon bald geht das muntere Treiben von Neuem los. Ihre Wachsamkeit hat den Spatzen früher sicher oft das Leben gerettet, denn sie waren den Menschen als Getreidediebe besonders verhasst. Ihren Gesang umschrieben diese deshalb mitunter lautmalerisch mit den Worten »Schelm, Dieb! Dieb, Schelm! Schelm ...«.

Wie die Straßentauben sind auch Haussperlinge Charaktervögel der unwirtlichen Innenstadt geworden. Die Überlebenskünstler lassen sich von uns durchfüttern. Sie brüten in Mauerhöhlungen der Geschäftshäuser oder in Fensterverblendungen. Ganz ohne Vegetation kommen aber selbst diese hartgesottenen Vögel nicht aus, und die kann im Stadtzentrum mit seinem versiegelten Boden nur an wenigen Stellen gedeihen. Wo Pflanzen wachsen, leben Insekten. Wie das »Kläuschen« aus der Anekdote brauchen alle Spatzenkinder die eiweißreichen Kerbtiere für ihr Wohlergehen. Deshalb finden wir die meisten Haussperlinge in von Sträuchern, Bäumen, Hecken und Grünanlagen aufgelockerten Wohngebieten. Hier stellen sie manchmal fast fünfzig Prozent der dort lebenden Vögel. Zwar pfeifen es die Spatzen noch nicht vom Dach, doch ist seit Längerem bekannt, dass die Bestände dieses Kulturfolgers abnehmen. Dafür gibt es verschiedene Gründe. Früher machte man das Verschwinden der Pferde als Zugtiere dafür verantwortlich. In den Pferdeäpfeln hatten die Spatzen reichlich unverdaute Pflanzensamen gefunden, womit die Automobile nicht dienen konnten. Der Rückgang der Spatzen dauert bis heute an. So sind in manchen Hamburger Stadtteilen die Bestände in den vergangenen Jahren um mehr als vierzig Prozent zurückgegangen. Heute spielen ganz andere Ursachen für das Fehlen der Spatzen eine Rolle. Durch Altbausanierungen gehen ständig Brutplätze verloren. Es fehlt außerdem an Häusern, die mit Efeu oder Wildem Wein bewachsen sind. In diese Kletterpflanzen bauen sich Spatzen besonders gern ihre Nester. Viele kommen auch im unbarmherzigen Straßenverkehr unter die Räder. Hauptgrund für die Abnahme der Spatzenzahl in der Stadt dürfte nach neuen wissenschaftlichen Untersuchungen aber ein Mangel an Insekten sein, die schließlich für die Ernährung des Nachwuchses von entscheidender Bedeutung sind. Versiegelter Boden, Insektengifte sowie unnatürliche Anlage und übertriebene Pflege von Gärten und Parkanlagen machen Raupen, Käfern und Blattläusen den Garaus. Es ist bedauerlich und muss zu denken geben, dass selbst anpassungsfähige Allerweltsarten wie der Haussperling unter den verschlechterten Umweltbedingungen mehr und mehr zu leiden haben.

BOOTHSWEG
VOGT-GROTH-WEG
OELSNERRING
JAKSTEINWEG
HEMMINGSTEDTER WEG
WISPLERSTRASSE
HEINRICH-PLETT-STRASSE
DORNSTÜCKEN
LANGKAMP
JENISCHSTRASSE
AN DER FLOTTBEK
HEESTEN
BARON-VOGHT-STRASSE
HÖLDERLINSTRASSE
POLOSTRASSE
PAPENKAMP
OHNHORSTSTRASSE
BUS
KLEIN FLOTTBEK
WILHELMISTRASSE
JÜRGENSALLEE
WEETENKAMP
KANZLEISTRASSE
MARXSENWEG
KUCHELWEG

# BOTANISCHER GARTEN

In Planten un Blomen steht in der Nähe des Dammtor-Bahnhofs eine uralte Platane, die sogenannte »Lehmann-Platane«. Im Jahr 1821 pflanzte der Gymnasial-Professor Johann Georg Christian Lehmann diesen Baum und begründete damit den Alten Botanischen Garten. 1970, also rund einhundertfünfzig Jahre später, beschloss die Hamburger Bürgerschaft, den mittlerweile zu eng gewordenen Alten Botanischen Garten in den Hamburger Westen zu verlegen. 1979 wurde dann in Klein Flottbek der Neue Botanische Garten eröffnet. Er dient nicht nur der Forschung und Lehre, sondern will auch die Öffentlichkeit mit einem breit gefächerten Veranstaltungsprogramm an die Pflanzenwelt heranführen. Nicht zuletzt ist der Botanische Garten in Klein Flottbek ein Ort der Muße und Erholung. Hier kann man seine Seele baumeln lassen und sich an der Vielfalt und Schönheit der Pflanzen erfreuen. Aber auch die Vogelwelt ist reich vertreten: Über fünfzig Arten konnten bisher beobachtet werden. Etliche von ihnen brüten auch im Botanischen Garten, etwa das Teichhuhn, der Sperber und der Buntspecht. Der Mäusebussard hat hier ebenfalls gebrütet und vor einigen Jahren sogar ein Jagdfasanenpaar. Die Austernfischer, die im Botanischen Garten immer mal wieder zu sehen sind, gehen dort indes nur auf Nahrungssuche. Sie brüten auf den Flachdächern des Elbe-Einkaufszentrums.

*Der Botanische Garten liegt im Westen Hamburgs. S-Bahn (S1, S11) bis Klein Flottbek (Botanischer Garten); Buslinien 15, 21 bis S-Bahnhof Klein Flottbek. Eingang Ohnhorststraße (gegenüber dem S-Bahnhof). Parkplatz rechts vom Eingang.*

## SEIDENSCHWANZ UND ANDERE WINTERGÄSTE

Dass der Botanische Garten für Vögel ein attraktiver Lebensraum ist, hat zwei wesentliche Gründe. Seine Vielfalt an Biotopen, zum Beispiel Wiesen, kleine Waldstücke oder verschiedene Gewässer, sorgt für ausreichend Nahrung und Brutmöglichkeiten. Und die Nahrung ist nicht vergiftet, denn der Botanische Garten verzichtet schon seit vielen Jahren auf den Einsatz chemischer Pflanzenschutz- und Schädlingsbekämpfungsmittel. Wer sich für die gefiederten Hamburger interessiert, kann im Botanischen Garten tolle Beobachtungen machen. Besonders das Frühjahr schafft reizvolle Einblicke in die Vogelwelt. Die Männchen vieler Arten singen dann ausgiebig, um einem Weibchen zu imponieren. Aber auch in der kalten Jahreszeit bietet sich der ornithologischen Beobachtung einiges. Dann sind die Zugvögel zwar weg, aber dafür sind Wintergäste aus dem Hohen Norden wie etwa Bergfinken oder Rotdrosseln im Botanischen Garten zu sehen. Sie finden dort einen reich gedeckten Tisch: Bucheckern, Hagebutten, Vogelbeeren und viele andere Sämereien und Früchte.
An einem sonnigen Tag im Februar wollen wir uns die Wintervogelwelt des Botanischen Gartens auf einem Rundgang einmal näher anschauen. Vor dem Eingang empfängt uns eine große Bronzeplastik des Worpsweder Künstlers Waldemar Otto mit dem Titel »Adam plündert das Paradies«.

**SEIDENSCHWANZ** (Bombycilla garrulus) [KENNZEICHEN] Länge 18–21 Zentimeter; etwa starengroß mit auffälliger Federhaube. Seidig glänzendes Gefieder, schwarzer Kinnfleck und gelbweiße Flügelzeichnung. Kurzer Schwanz mit gelber Endbinde. [STIMME] Ruft hoch und leicht schwirrend »srii« oder »sirrrrr«. [LEBENSRAUM] Brütet in alten Wäldern, gern auf Fichten, Kiefern und Birken. Hält sich im Winter in Gärten, Parks und Friedhöfen auf, wenn genügend Beeren und andere Früchte vorhanden sind. [SONSTIGES] Zugvogel, bei uns nur als Durchzügler und Wintergast; kommt als sogenannter »Invasionsvogel« in manchen Jahren in großer Zahl.

*Seidenschwanz*

Wir schauen uns den hässlichen, dickbäuchigen Adam an, der gierig in den Apfel beißt. So musste er das Paradies verlassen, und die Zerstörung der Natur durch den Menschen geht unvermindert weiter. Das gilt natürlich auch für die Vogelwelt. So schrumpfen beispielsweise die Bestände vieler Arten in großem Tempo. Ein Beispiel für Hamburg: Innerhalb von zehn Jahren ist die Zahl der brütenden Braunkehlchen-Paare von hundert auf dreißig gesunken. Der Hauptgrund ist die Vernichtung wichtiger Lebensräume wie Feuchtwiesen oder Moore.

Beim Betreten des Botanischen Gartens meldet sich ein Rotkehlchen. Es singt sogar im Winter. Auch andere Arten wie Amsel, Kohlmeise und Zaunkönig lassen an kalten Tagen hin und wieder ihr Stimmchen hören. Wir gehen in Richtung »Grüne Schule«. Dort können Schüler von einem Gartenpädagogen viel über die Pflanzenwelt erfahren. Nach ein paar Schritten fallen uns hohe und schwirrende »sirrrrr«-Laute auf. Sie kommen von einem Silberahorn. Wir freuen uns: Der **SEIDENSCHWANZ** ist da! Doch nicht nur einer, sondern ungefähr fünfzig dieser prachtvollen Vögel sind ständig rufend im Baum unterwegs und fressen von den weißlichen Beeren der Misteln, die dort wachsen. Mal klettern die Vögel kopfüber an den Zweigen, mal flattern sie unruhig von Ast zu Ast oder pflücken sich die begehrten Früchte sogar im Rüttelflug. Immer wieder fliegen die Seidenschwänze nach unten und nutzen eine wassergefüllte Vertiefung in einem großen Granitstein als Vogeltränke. Dort können wir die seidig glänzenden Vögel mit ihrer kecken Federhaube in Ruhe betrachten. Seidenschwänze sind nur im Winter bei uns zu sehen. In manchen Jahren kommen sie in großer Zahl. Sie finden dann in ihrer nordskandinavischen und russischen Brutheimat zu wenig Vogelbeeren und andere Früchte zu fressen.

*Rotdrossel*

Nur schwer trennen wir uns von diesem eindrucksvollen Naturschauspiel und nähern uns einem großen Futterhäuschen vor der Grünen Schule. Hier bedienen sich Meisen, Finken und andere Piepmätze an den dargebotenen Samenkörnern. Weiter geht's in Richtung Rosengarten. In einem Heckenrosenbusch picken zwei Grünfinken an den Hagebutten herum und verzehren Fruchtfleisch und Samen. Eine Heckenbraunelle huscht geschäftig und flink wie eine Maus am Boden umher und sucht nach Sämereien. Wir gehen durch den Wüstengarten und hören aus einer Kiefer die zarte und sehr hohe Stimme eines Wintergoldhähnchens, des kleinsten Vogels Deutschlands. Auf der größeren Wasserfläche vor uns schwimmen einige Stockenten, drei Graugänse und zwei Teichhühner.

Vorbei an Sumpfzypressen und Araukarien gehen wir nach links und gelangen an eine große Wiesenfläche, in deren Zentrum sich die neugestaltete pflanzensystematische Abteilung befindet. Über uns kreist ein Mäusebussard, und mehrere Ringeltauben fliegen in Richtung einer großen Pappel auf der gegenüberliegenden Seite der Wiese. Aus der Luft ist plötzlich ein hohes, gedehntes »ziih« zu vernehmen, der Flugruf der **ROTDROSSEL**. Sie

**ROTDROSSEL** (Turdus iliacus) [KENNZEICHEN] Länge 19–23 Zentimeter; kleiner als eine Amsel. Kurzer Schwanz. Auffälliges Kopfmuster mit weißem Überaugenstreif und weißem Wangenstreif, rostrote Flanken. Im Flug sind die rostroten Unterflügeldecken zu sehen. [STIMME] Flugruf ein gedehntes, leicht rau klingendes »ziih«. Zweiteiliger Gesang: Auf melancholisch klingende Flötentöne folgt leiser, schwatzender Nachgesang. [LEBENSRAUM] Brütet in Nadel- und Birkenwäldern. Geht während des Zuges im Winterhalbjahr auch in Gärten, Parks und Friedhöfen auf Nahrungssuche. [SONSTIGES] Zugvogel, bei uns nur als Durchzügler und Wintergast. Ist häufig mit Wacholderdrosseln vergesellschaftet.

landet oben in der Krone einer Nordamerikanischen Platane. Beim Blick durch unser Fernglas sehen wir dort mehrere dieser Drosseln. Gut sind ihre auffallenden Kopfmuster und die rostroten Flanken zu erkennen. Wie der Seidenschwanz ist auch die Rotdrossel ein Wintergast. Sie brütet in Skandinavien, Nordosteuropa und Sibirien. Im Winter kommt sie zu uns oder wandert noch weiter in südwestliche oder südliche Richtungen, etwa nach Frankreich, Spanien oder Italien. Die Flugrufe der häufig nachts ziehenden Rotdrosseln sind vor allem im Oktober und November auch über Hamburgs Innenstadt zu hören. Jetzt fliegt der kleine Trupp los und setzt sich auf die Wiese. Da sehen wir noch zwei andere Drosseln. Sie sind wesentlich größer als die Rotdrosseln. Es handelt sich um Misteldosseln. Im Gegensatz zu den Rotdrosseln brüten sie auch in Hamburg.

Jetzt spazieren wir an der großen Wiese entlang in Richtung Chinagarten und hören unterwegs die metallisch klingenden Rufe einiger Stieglitze sowie das »wize, wize, wize« der Tannenmeise. In einem Tee-Apfelbaum gegenüber dem Alpinum sind einige Vögel dabei, von den kleinen, roten Apfelfrüchten zu naschen. Immer wieder ist ihr lautes »Schackern« zu hören. Das ist der charakteristische Ruf der

*Wacholderdrossel*

**WACHOLDERDROSSEL** (Turdus pilaris) [KENNZEICHEN] Länge 22–27 Zentimeter; farbenfrohe Drossel. Längerer Schwanz. Grauer Kopf und Bürzel. Stark gefleckte Unterseite, ockerfarbene Brust und Kehle. Im Flug sind die weißen Unterflügeldecken zu sehen. [STIMME] Ruft häufig »schack, schack, schack«. Einfacher Gesang aus verschiedenen schwatzenden Tönen. [LEBENSRAUM] Brütet in Laub- und Mischwäldern, aber auch in Gärten und Parks. [SONSTIGES] Zugvogel, bei uns meist nur als Durchzügler und Wintergast. Es gibt aber auch einige Wacholderdrosseln, die in Hamburg brüten. 2012 wurden siebzig Paare gezählt.

*Bergfink*

**WACHOLDERDROSSEL**. Deutlich sehen wir ihren grauen Kopf und die ockerfarbene Kehle und Brust. Wie die Rotdrossel ist auch die Wacholderdrossel ein geselliger Vogel und bildet besonders im Winter größere Schwärme. Sie ist erst im Verlaufe der letzten 150 Jahre von Nordosten nach Mitteleuropa vorgedrungen. Ob unsere Wacholderdrosseln hier auch brüten oder ob sie nur Wintergäste sind, wissen wir nicht. Früher wurden Wacholderdrosseln in großer Zahl gefangen und als »Krammetsvögel« verspeist. Das Wort »Krammetsvogel« kommt aus dem Mittelhochdeutschen und bedeutet »Wacholdervogel«. Das Fleisch der Wacholderdrossel bekommt nämlich durch die gefressenen Wacholderbeeren einen leicht würzigen und bitteren Beigeschmack.

Wir gehen weiter und gelangen an einen kleinen Wald. Hier wachsen Buchen, Eichen und verschiedene andere einheimische Bäume. Aus einer hohen Birke ist das »pink, pink« eines Buchfinken zu hören. Aber auch sein naher Verwandter, der **BERGFINK**, meldet sich mit etwas rau klingendem »dschäe«. Der Bergfink ist nur im Winter hier. Den Sommer verbringt er in Skandinavien, Finnland und Russland. Dort brütet er allerdings nicht

**BERGFINK** (Fringilla montifringilla) [KENNZEICHEN] Länge 14–16 Zentimeter; so groß wie der nahverwandte Buchfink. Schlichtkleid des Männchens im Winterhalbjahr: strohgelber Schnabel mit dunkler Spitze. Brust und Schulter sind orangefarben, Kopf und Rücken schuppig braun. Prachtkleid des Männchens im Sommerhalbjahr: schwarzer Schnabel, Kopf und Rücken. Das Weibchen ist schlichter gefärbt. Beim fliegenden Bergfinken ist sein weißer Bürzel gut zu erkennen. [STIMME] Ruf ein rau klingendes »dschäe«. Sehr kurzer unscheinbarer Gesang, der zum Ende etwas lauter wird. [LEBENSRAUM] Brütet in Nadel- und Birkenwäldern. [SONSTIGES] Zugvogel, bei uns nur als Durchzügler und Wintergast. Bergfinken besuchen gern Futterhäuschen.

im Gebirge, wie sein Name vermuten lässt, sondern in Birken- oder Nadelwäldern. Bergfinken lieben Bucheckern. In manchen Jahren ist das Angebot an Bucheckern besonders groß. Dann lassen sich diese Vögel in größerer Zahl am Boden beim Fressen beobachten. Beim Betrachten des Bergfinken entdecken wir noch einen anderen kleineren Vogel, der mit dem Rücken nach unten an den äußeren Zweigen der Birke herumturnt: einen **ERLENZEISIG**. Doch er ist nicht allein. Wir zählen fünfzehn dieser zierlichen Finkenvögel. Ständig leise zwitschernd, fressen sie von den Birkensamen. Die lebhaften Erlenzeisige bleiben allerdings nicht lange auf der Birke. Schon bald fliegen sie wie auf Kommando zum nächsten Baum, um dort weiter zu futtern. Viele Erlenzeisige brüten bei uns. In der kalten Jahreszeit kommen aber noch zusätzlich Erlenzeisige aus Skandinavien und Russland hierher zum Überwintern.

Jetzt geht es langsam zum Ausgang zurück. Ein Gimpel will uns schon mit seinem traurigen »diü« verabschieden, da sehen wir in der Luft noch zwei Misteldrosseln. Sie landen in einem Ahorn. Dort fressen sie zusammen mit einigen Seidenschwänzen und Wacholderdrosseln von den reichlich angebotenen Mistelbeeren.

*Erlenzeisig*

**ERLENZEISIG** (Carduelis spinus) [KENNZEICHEN] Länge 11–12,5 Zentimeter; kleiner Fink mit kurzem Schwanz. Die Männchen sind kontrastreich schwarz, gelb und grün gefärbt. Die etwas unscheinbarer aussehenden Weibchen haben weniger Gelb im Gefieder. [STIMME] Flugrufe klingen etwas wehmütig »tüli« oder »tsii«. Der Gesang besteht aus zwitschernden und trillernden Lauten. [LEBENSRAUM] Misch- und Nadelwälder. [SONSTIGES] Zugvogel, bei uns oft als Durchzügler und Wintergast. Streift in kleineren oder größeren Trupps durch Gärten und Parks, um Erlen- und Birkensamen zu fressen. 2012 brütete ein Erlenzeisig-Paar in Hamburg.

## HIER VORKOMMENDE BRUTVÖGEL UND WINTERGÄSTE

*Amsel, Austernfischer, Bergfink, Birkenzeisig, Blässhuhn, Blaumeise, Buchfink, Buntspecht, Eichelhäher, Elster, Erlenzeisig, Gartenbaumläufer, Gimpel, Graugans, Grünfink, Grünspecht, Haubenmeise, Hausrotschwanz, Haussperling, Heckenbraunelle, Jagdfasan, Kleiber, Kohlmeise, Mäusebussard, Misteldrossel, Mönchsgrasmücke, Rabenkrähe, Reiherente, Ringeltaube, Rotdrossel, Rotkehlchen, Schwanzmeise, Seidenschwanz, Singdrossel, Sperber, Star, Stockente, Sumpfmeise, Tannenmeise, Teichhuhn, Wacholderdrossel, Wintergoldhähnchen, Zaunkönig, Zilpzalp.*

## TIPPS

*Der Botanische Garten der Universität Hamburg (seit 2012 heißt er »Loki-Schmidt-Garten«) ist täglich ab 9 Uhr geöffnet: Januar und Februar bis 16 Uhr, 1. bis 28. März bis 17 Uhr, 29. März bis 30. April bis 19 Uhr, Mai bis August bis 20 Uhr, September bis 19 Uhr, 1. bis 24. Oktober bis 18 Uhr, 25. Oktober bis 30. Dezember bis 16 Uhr (außer am 24. und 31. Dezember sowie bei Glätte). Der Eintritt ist frei. Die Gesellschaft der Freunde des Botanischen Gartens Hamburg e.V. bietet ein sehr abwechslungsreiches Veranstaltungsprogramm an, darunter auch vogelkundliche Führungen im April und Mai. Info: www.bghamburg.de, Telefon (040) 428 164 76. Hunde sind im Botanischen Garten nicht zugelassen.*

## EIGENE BEOBACHTUNGEN

## DIE STADT ALS WINTERQUARTIER – GÄSTE AUS DEM HOHEN NORDEN

Bei den norwegischen Berghänflingen scheint die Fassade des Hamburger Rathauses ein Geheimtipp für erfolgreiches Überwintern zu sein: Seit mehreren Jahren finden sich ab Ende Oktober zwischen zwanzig und vierzig oder gar mehr Vertreter ihrer Art ein, um dort die kalten Winternächte zu verbringen. Anders als menschliche Urlauber verreisen die spatzengroßen Hänflinge allerdings nicht zum Vergnügen, sondern um ihr Überleben zu sichern. Statt wie andere ihrer Artgenossen im Winter im offenen Gelände am Boden oder in Büschen zu nächtigen, haben die Hamburg-Fans die Vorzüge einer gut geheizten Stadt mit verschiedensten Futterquellen schätzen gelernt.

*Berghänfling*

Damit sind sie nicht allein. Auch andere in Nordeuropa ansässige Vögel wie Bergfink, Fichtenkreuzschnabel, Birken- und Erlenzeisig weichen vor der bitteren Kälte des Nordens in unsere Breiten aus und lassen sich ebenfalls in den Städten sehen. Ein mit seinem bunten Federkleid besonders auffälliger Wintergast ist der Seidenschwanz, der sporadisch in größerer Zahl zu uns kommt, wenn in seiner Heimat die Ebereschen zu wenig Vogelbeeren angesetzt haben. Bei Mönchsgrasmücke, Zilpzalp, Hausrotschwanz und anderen Zugvögeln, die bei uns den Sommer verbringen, sind Anfänge eines Trends zu beobachten, sich die strapaziöse und gefahrvolle Reise in den Süden zu ersparen und stattdessen in der Stadt zu überwintern. Diese Anziehungskraft hat sie auch auf ständig hier lebende Vogelarten: In harten Wintern finden sich in der Stadt viele Amseln, Stockenten und andere Vögel ein, denen es im Umland mit den verschneiten Flächen und zugefrorenen Gewäs-

*Fichtenkreuzschnabel*

sern zu unwirtlich wird. Die verbreitete Winterfütterung trägt gewiss ihren Teil zur Attraktivität der Stadt bei.

Da im Winter die Temperatur in der Stadt immer ein paar Grad höher ist als im ländlichen Raum, steigen die Überlebenschancen für Vögel. Ein guter Beleg dafür ist die Entwicklung des Zaunkönigbestands in Hamburg nach dem besonders kalten Winter 1995/96. Zählungen auf Probeflächen ergaben, dass die Population auf dem Land um mehr als die Hälfte zurückging, während sie in der Stadt nur unwesentlich abnahm. Dabei mag auch eine Rolle spielen, dass die dichte Bebauung sowie die Bepflanzung der Gärten und Parks für Windschutz sorgen und Wärmeinseln entstehen lassen.

Wasservögel zieht es im Winter zu städtischen Gewässern, weil diese nicht so leicht zufrieren wie Weiher, Teiche und Seen auf dem Land. Auf Parkgewässern tummeln sich Enten, Gänse, Schwäne, Bläss- und Teichhühner. Hier können sie noch gründeln und tauchen und zudem darauf hoffen, von Spaziergängern gefüttert zu werden. Auch an zugefrorenen Gewässern wird weiter gefüttert, und zur Freude, bei maßvoller Fütterung in der Winterzeit etwas Gutes tun zu können, kommt vielleicht der Spaß hinzu, eine landende Ente übers Eis glitschen zu sehen. Unterhaltsam ist es auch immer, Brotbrocken in die Luft zu werfen und den hungrigen Lachmöwen bei ihren akrobatischen Flugmanövern zuzusehen. Den größeren Teil des Jahres verbringen sie an stadtfernen Gewässern, doch im Winter steuern sie gern die Städte an, wo sich immer das eine oder andere zu fressen findet.

*Blässhuhn*

Ein Winterbild sind auch die Saatkrähenschwärme, die zweimal am Tag über die Dächer hinwegziehen. Morgens sind sie vielleicht auf dem Weg zu einer Mülldeponie am Stadtrand oder im näheren Umland, wo sie – wie auch die Lachmöwen – von der Hinterlassenschaft der Wegwerfgesellschaft profitieren. Abends streben sie ihrem Nachtquartier, ihren Schlafbäumen zu. Dort nächtigen sie in großer Zahl und bleiben ihren angestammten Plätzen über Jahre hinweg treu. An den Münchener Krähenschlafplätzen etwa zählte man in einer Februarnacht des Jahres 1987 insgesamt nicht weniger als 59 400 Saatkrähen. Bei diesen Wintergästen dürfte es sich vorwiegend um Krähen gehandelt haben, denen es in ihrer weiter östlich gelegenen Brutheimat zu kalt geworden war.

*Saatkrähe*

Ein anderes Winterbild: In einem Baum einer Birken- und Erlenreihe an einem Wasserlauf haben sich viele kleine Vögel versammelt. Mit unablässigem zarten Gezwitscher turnen sie emsig im Gezweig herum und tun sich an Samen und Blattknospen gütlich. Wie auf Kommando verstummen sie plötzlich, und der ganze Schwarm fliegt zielstrebig einen anderen Baum an, wo das muntere Treiben weitergeht. Genaueres Hinsehen und Hinhören ergibt, dass der vielzählige Trupp hauptsächlich aus Zeisigen sowie vereinzelten Finken anderer Arten und Meisen besteht. Sie haben sich zu einer Zweckgemeinschaft zusammengefunden.

Ein solcher Trupp vagabundiert von einer ergiebigen Nahrungsquelle zur anderen. Seine Zusammensetzung ist nicht konstant, und vielfach löst er sich bald wieder auf. Eine solche Gemeinschaft ist nur in der kalten Jahreszeit möglich, weil dann für diese Vögel Reviergrenzen keine Rolle spielen. Das Vagabundieren ist im Winter auch bei anderen Vogelarten zu beobachten. In kleinen, vielfach aus Familienmitgliedern bestehenden Trupps streifen Schwanzmeisen

*Stockente*

Rabenkrähe

umher, wobei sie ihr Streifrevier gegen andere Schwanzmeisentrupps verteidigen. Einzeln oder in kleinen Trupps sind Eichelhäher unterwegs; ihr Streifgebiet scheint für sie nicht die Bedeutung eines zu verteidigenden Reviers zu haben. Buntspechte, die gleich nach der Brutsaison ihre Paarbindung wieder auflösen, schlagen sich im Winter als Einzelgänger durch. Zu winterlichen Schlafplatzgesellschaften finden sich außer den bereits erwähnten Berghänflingen und Saatkrähen auch Vögel manch anderer Arten zusammen. Zu den Saatkrähen gesellen sich gelegentlich auch Raben- bzw. Nebelkrähen und Dohlen. Lieber unter sich bleiben hingegen beispielsweise Ringeltauben und Grünfinken. Ringeltauben suchen sich Bäume mit hinreichend starkem Gezweig, für Grünfinken kommen außerdem dichte Gebüsche und efeubewachsene Hauswände infrage. Dabei lassen sie sich auch vom Licht einer nahen Straßenlaterne nicht stören. Gartenbaumläufer bevorzugen zum Schlafen geschützte Nischen oder Höhlungen, wo sie sich in kalten Nächten eng aneinanderkuscheln. Ähnlich halten es die Schwanzmeisen.

Grünfink

Manche Singvögel wie die Amsel und das Rotkehlchen schützen sich vor Kälte, indem sie sich aufplustern. Sie sehen dann wie eine Federkugel aus. Diese besitzt eine im Verhältnis zum Volumen geringe Oberfläche. Dadurch geben die Vögel nicht so viel Wärme an ihre Umgebung ab und frieren weniger. Die Amsel mit ihrem dunklen Gefieder kann sogar »Sonne tanken« und sich

Eichelhäher

dadurch erwärmen: Da die braunen oder schwarzen Federn fast achtzig Prozent der Sonnenstrahlen absorbieren, bleibt der größte Teil der Wärme im Vogelkörper. Vom Klima und Nahrungsangebot her sind Städte attraktive Winterquartiere. Verkehrslärm, die Fülle an künstlichem Licht und die Nähe des Menschen werden in Kauf genommen. Temperatur und Licht bringen manchen Vogel und seinen Hormonhaushalt aber auch durcheinander. So tun es Amseln und Stare gelegentlich den Rotkehlchen nach und lassen ihren Gesang im Winter hören. Vereinzelt versuchen sie sogar zu brüten. Mit all der Toleranz den Zumutungen des Stadtlebens gegenüber ist es aber alljährlich vorbei, wenn zu Silvester die Knallerei losgeht. Viele Stockenten etwa verlassen dann fluchtartig die Stadt, und Vögel, die dennoch bleiben, werden gründlich um den Schlaf gebracht.

*Ringeltaube*

## TIPPS ZUR VOGELBEOBACHTUNG

Vögel sind die auffälligsten Vertreter der Hamburger Tierwelt: Kreischend fangen Möwen hochgeworfene Brotbrocken aus der Luft, Mauersegler jagen mit schrillen Sriih-Sriih-Rufen über den Dächern nach Insekten, Amseln flöten ihre Serenaden von Fernsehantennen oder Straßenbäumen, Buntspechte trommeln im Park um die Wette. Im Frühling ist am meisten los. Dann gesellen sich zu den Standvögeln noch die aus ihren Winterquartieren zurückgekehrten Zugvögel. Neben dem Aussehen spielt jetzt der Gesang eine wichtige Rolle beim Erkennen der einzelnen Arten. In den Morgen- und Abendstunden ist das Vogelkonzert immer besonders vielfältig. An windigen Tagen und bei Dauerregen verstummen die meisten Vögel. Häufig vorkommende Arten wie Amsel und Kohlmeise sind fast überall zu sehen und zu hören. Um Seltenheiten wie Kranich oder Nachtigall zu begegnen, muss man die entsprechenden Lebensräume aufsuchen.

Am besten lernt man seine gefiederten Nachbarn unter Anleitung eines erfahrenen Ornithologen kennen. Deshalb sollte man – mit einem guten Fernglas, einem handlichen Bestimmungsbuch und einem Notizheft ausgestattet – an vogelkundlichen Kurzwanderungen teilnehmen, wie sie der NABU im Frühjahr in verschiedenen Gebieten der Stadt unter dem Motto »Was singt denn da?« durchführt. Das Programm wird durch Plakate auf U-Bahn-Stationen und im jährlich erscheinenden Veranstaltungskalender des NABU Hamburg bekannt gemacht. Außerdem ist es im Internet einzusehen (www.hamburg.nabu.de). Der Leiter einer Vogelstimmen-Exkursion vermittelt den Teilnehmern seinen Höreindruck in einem Park etwa mit folgenden Worten: »Hier läutet eine Kohlmeise, rechts daneben tixt eine Amsel; weiter weg ein Buchfink mit seinem Regenruf und ein schmetternder Zaunkönig.« Bei einer so differenzierten Wahrnehmung mag sich mancher zweifelnd fragen: »Kann ich das auch lernen?« Das geht natürlich nicht von heute auf morgen. Wer folgende Regeln beherzigt, kommt allerdings schneller zum Ziel.

### 1. Kleine Lernschritte

Für den Anfänger ist es sinnvoll, den gefiederten Städtern bereits im zeitigen Frühjahr sein Ohr zu leihen, denn dann sind erst wenige Arten wie etwa Amsel oder Kohlmeise zu hören und er kann sich voll auf die Laute und Gesänge dieser beiden Vögel konzentrieren. Später, im April und Mai, wenn die meisten Zugvögel aus ihren südlichen Winterquartieren zurückgekehrt sind, fällt es schwer, sich im Konzert der unterschiedlichsten Vogelstimmen zurechtzufinden. Um sich einzuhören, sollte man sich einen vom Verkehrslärm möglichst wenig behelligten Lebensraum wie beispielsweise einen Garten oder einen Park suchen und den dort singenden Vogelarten wiederholt und intensiv zuhören. Da die Bäume zu Beginn des Jahres noch nicht belaubt sind, ist auch eine Bestimmung nach sichtbaren Merkmalen wie etwa der Größe des Vogels, seiner Gefiederfärbung oder seinem Verhalten leichter möglich.

Je mehr »Lernkanäle« genutzt werden, desto rascher stellt sich ein Lernerfolg ein. Es ist also besser, wenn zum akustischen Kanal noch der optische hinzukommt. Sollte jemand erst später im Jahr auf die Idee kommen, mit Vogelstimmen vertraut werden zu wollen, so ist während der Brutperiode die Mittagszeit günstig, weil dann relativ wenige Vögel singen. Das Ende der Fortpflanzungszeit, wenn viele Vogelarten ihren Gesang bereits wieder eingestellt haben, ist ebenfalls geeignet. Doch selbst im Winter können sich Gelegenheiten zum Lernen ergeben, wenn etwa ein Rotkehlchen singt oder ein Zaunkönig ruft.

**2. Wiederholung**

Die Wiederholung als wichtiges Lernprinzip ist gerade beim Einprägen von Vogelstimmen zu empfehlen. Häufiges und intensives Zuhören ermöglicht es mit der Zeit, sich auch einen akustisch kompliziert aufgebauten Gesang – wie etwa eine Buchfinkenstrophe – so einzuprägen, dass man künftig auch Strophen anderer Buchfinken erkennen kann. Obwohl jedes Buchfinkenmännchen zwei bis sechs verschiedene Strophen beherrscht und obwohl von den Buchfinken sogar unterschiedliche regionale Dialekte bekannt sind, kann man die Sänger dennoch alle an ihren arttypischen Gesangsmerkmalen wie Strophenaufbau, Klangfarbe, Tonhöhe und Gesangstempo als Angehörige der Art Buchfink erkennen.

**3. Sprachliche Lernhilfen**

Sehr hilfreich kann es sein, den akustischen Eindruck des Gesangs lautmalerisch zu umschreiben. Einige Vogelnamen bringen derartige Umschreibungen bereits mit: Fink, Krähe, Kuckuck, Stieglitz, Zilpzalp. In anderen Fällen gibt es traditionelle Eselsbrücken in Form von Merksprüchen. Für den kurzen Gesang der Kohlmeise haben sich Merkverse wie »Zizibe-zizibe, die Sonn' vertreibt den letzten Schnee« oder auch »Cityfein! Cityfein!« eingebürgert. Unterschiedliche Buchfinkenschläge können etwa folgendermaßen umschrieben werden: »Ich, ich, ich schreib' an die Regierung.« Oder: »Fritz, Fritz, Fritz will wieder Zwetschgen stehl'n.« Oder: »Hast du denn mein Gretchen nicht geseh'n?« Die Gesänge der Buchfinken unterscheiden sich häufig in ihrem letzten Element, dem Endschnörkel. Auch hierfür haben passionierte Buchfinken-Liebhaber sprachliche Umschreibungen gefunden: »Schätzchen-Weidau« oder »Putzebart«. Sind keine Merksprüche bekannt, kann man sich ja selbst etwas einfallen lassen. Im Übrigen ist es sinnvoll, Eigenheiten des Gesangs wie Strophendauer, Tonhöhenverlauf und Ähnliches mit sprachlichen Beschreibungen, mit Noten, Kurvenverläufen oder einer anderen geeigneten Notation festzuhalten.

**4. Akustische Hilfsmittel**

Ein reichhaltiges Angebot an CDs, DVDs und Apps mit Vogelstimmen-Aufnahmen ermöglicht es, die im Garten, im Park oder in einer ruhigen Seitenstraße gewonnenen Eindrücke noch weiter zu vertiefen. Auch im Internet gibt es viele Möglichkeiten, sich Vogelstimmen an-

zuhören. Allein durch Abhören lässt sich allerdings das Erkennen von Vogelstimmen nicht so gut trainieren. So laut, deutlich und vollständig wie mit technischer Verstärkung und Filterung sind nämlich die Vögel in ihren Biotopen selten zu hören. Dort singen viele durcheinander, oft sind die Gesänge weiter entfernt – oder der Vogel bricht seinen Gesang vorzeitig ab. Erlebt man die Vögel aber direkt, wird bewusst oder unbewusst die Umweltsituation, in der sie singen, beim Lernen der Stimmen mitverarbeitet. Das steigert den Lernerfolg.
Wer regelmäßig an vogelkundlichen Wanderungen teilnimmt, wird vielleicht eines Tages seinen Vogelstimmen-Experten freundlich darauf hinweisen können, dass er bei der Aufzählung der Vogelstimmen im Stadtpark zwar das Läuten der Kohlmeise erwähnt hat, aber leider das ganz leise Klingeln der Blaumeise im Hintergrund vergessen hat.

## BRUTVÖGEL IN HAMBURG NACH ANZAHL DER BRUTPAARE

Amsel → **68 000**
Kohlmeise → **35 000**
Blaumeise → **30 000**
Haussperling → **25 000**
Ringeltaube → **19 000**
Zaunkönig → **18 400**
Zilpzalp → **17 000**
Grünfink → **16 600**
Heckenbraunelle → **14 300**
Buchfink → **14 000**
Mönchsgrasmücke → **12 400**
Rotkehlchen → **12 000**
Star → **11 600**
Straßentaube → **10 000**
Elster → **7200**
Feldsperling → **5900**
Mauersegler → **5200**
Singdrossel → **5100**
Rabenkrähe → **4900**
Gimpel → **4300**
Fitis → **4200**
Sturmmöwe → **3700**
Eichelhäher → **3300**
Bachstelze → **3000**
Buntspecht → **3000**
Mehlschwalbe → **2700**
Gartenbaumläufer → **2600**
Stockente → **2500**
Klappergrasmücke → **2400**
Sumpfrohrsänger → **2300**
Dorngrasmücke → **2300**
Hausrotschwanz → **2200**
Rauchschwalbe → **2100**
Tannenmeise → **2100**
Gartengrasmücke → **2000**
Kleiber → **1800**
Wintergoldhähnchen → **1600**
Gartenrotschwanz → **1500**
Grauschnäpper → **1500**
Rohrammer → **1500**
Türkentaube → **1400**
Jagdfasan → **1400**
Teichrohrsänger → **1350**
Misteldrossel → **1300**
Schwanzmeise → **1200**
Feldlerche → **1100**

Goldammer → 1100
Gelbspötter → 850
Stieglitz → 840
Girlitz → 830
Sumpfmeise → 800
Blässhuhn → 760
Teichhuhn → 740
Bluthänfling → 700
Baumpieper → 630
Kiebitz → 600
Sommergoldhähnchen → 600
Kernbeißer → 540
Waldlaubsänger → 510
Feldschwirl → 500
Dohle → 500
Haubenmeise → 500
Reiherente → 450
Mäusebussard → 430
Wiesenpieper → 420
Wiesenschafstelze → 400
Trauerschnäpper → 400
Nachtigall → 370
Kuckuck → 320
Waldbaumläufer → 310
Graugans → 270
Saatkrähe → 270
Silbermöwe → 250
Weidenmeise → 240
Birkenzeisig → 230
Brandgans → 200
Kormoran → 195
Haubentaucher → 180
Neuntöter → 170
Grünspecht → 160
Turmfalke → 160
Blaukehlchen → 140
Austernfischer → 140
Bekassine → 140
Kleinspecht → 130
Schwarzkehlchen → 120
Höckerschwan → 120
Sperber → 100
Graureiher → 95
Waldkauz → 90
Schilfrohrsänger → 90
Hohltaube → 90
Waldohreule → 80
Wacholderdrossel → 70
Schnatterente → 60
Uferschwalbe → 60
Wachtel → 60
Habicht → 60
Kanadagans → 55
Mittelspecht → 50
Eisvogel → 50
Wachtelkönig → 50
Rebhuhn → 45
Pirol → 45
Flussregenpfeifer → 45
Löffelente → 40
Schwarzkopfmöwe → 37
Steinschmätzer → 30
Schlagschwirl → 30
Waldschnepfe → 30
Heringsmöwe → 30
Wasserralle → 30
Braunkehlchen → 30
Gebirgsstelze → 27
Rohrweihe → 26
Schleiereule → 26
Sandregenpfeifer → 25
Rotschenkel → 24
Schwarzspecht → 23
Heidelerche → 22
Fichtenkreuzschnabel → 20
Nilgans → 20

Knäkente ⇛ 20
Baumfalke ⇛ 19
Weißstorch ⇛ 19
Zwergtaucher ⇛ 17
Krickente ⇛ 17
Kolkrabe ⇛ 14
Wanderfalke ⇛ 11
Beutelmeise ⇛ 11
Uhu ⇛ 10
Kranich ⇛ 9
Wespenbussard ⇛ 8
Rohrschwirl ⇛ 7
Sprosser ⇛ 6
Mandarinente ⇛ 6
Ziegenmelker ⇛ 5
Trauerseeschwalbe ⇛ 4
Tüpfelsumpfhuhn ⇛ 4
Uferschnepfe ⇛ 4
Schellente ⇛ 3
Steinkauz ⇛ 3
Tafelente ⇛ 2
Bartmeise ⇛ 2
Rothalstaucher ⇛ 2
Seeadler ⇛ 2
Singschwan ⇛ 2
Rotmilan ⇛ 1
Turteltaube ⇛ 1
Großer Brachvogel ⇛ 1
Erlenzeisig ⇛ 1
Drosselrohrsänger ⇛ 1
Brautente ⇛ 1
Zwergschnäpper ⇛ 1
Rohrdommel ⇛ 1
Zwergseeschwalbe ⇛ 1

[Quelle: Alexander Mitschke: *Atlas der Brutvögel in Hamburg und Umgebung.* Hamburger avifaunistische Beiträge (hab), Band 39, 2012.]

## STECKBRIEFE MIT ABBILDUNGEN

[Quelle: Die Abbildungen wurden dem zwölfbändigen Werk *Naturgeschichte der Vögel Mitteleuropas* von Johann Friedrich Naumann (1780 bis 1857), dem berühmtesten Ornithologen seiner Zeit, entnommen.]

## ADRESSEN

Arbeitskreis Vogelschutzwarte Hamburg (www.ornithologie-hamburg.de). Ein Zusammenschluss zahlreicher Hamburger Vogelbeobachter. Sie treffen sich an jedem dritten Montag im Monat um 19 Uhr im Biozentrum Grindel der Universität Hamburg zu einem vogelkundlichen Vortrag mit anschließendem Austausch über ihre Beobachtungen. Interessierte sind jederzeit willkommen.

NABU Hamburg (www.hamburg.nabu.de): Klaus-Groth-Straße 21, 20535 Hamburg, Tel. (040) 697 089 0. Öffnungszeiten der Infozentrale: Dienstag bis Donnerstag 14 bis 17 Uhr (Shop mit umfangreichem naturkundlichen Informationsmaterial, auch über die heimische Vogelwelt).

## BESTIMMUNGSBÜCHER

**Das umfangreiche Standardwerk:**
Lars Svensson, Killian Mullarney, Dan Zetterström: *Der Kosmos Vogelführer. Alle Arten Europas, Nordafrikas und Vorderasiens*, Stuttgart: Kosmos 2011 (auch als App erhältlich).

**Das Bestimmungsbuch mit Vogelstimmen:**
Detlef Singer: *Was fliegt denn da? 346 Vogelarten Europas*, Stuttgart: Kosmos 2016 (mit einem TING-Stift lassen sich alle Vogelstimmen hörbar machen).

**Das Taschenformat für unterwegs:**
Volker Dierschke: *Welcher Gartenvogel ist das? 126 Gartenvögel einfach bestimmen*, Stuttgart: Kosmos 2016.

## WEITERE LITERATUR

Alexander Mitschke, Sven Baumung: *Brutvogel-Atlas Hamburg*. Hamburger avifaunistische Beiträge (hab), Band 31, 2001.
Alexander Mitschke: *Atlas der Brutvögel in Hamburg und Umgebung*. Hamburger avifaunistische Beiträge (hab), Band 39, 2012.
Thomas Schmidt: *Gefiederte Nachbarn. Vögel in Stadt und Garten*, Steinfurt: Edition Rasch & Röhring im Tecklenborg Verlag 2001.
Harald Vieth: *Hamburgs Vögel. Die 77 häufigsten Arten*, Hamburg: Selbstverlag Harald Vieth 2013.

## WEITERE VOGELKUNDLICH INTERESSANTE GEBIETE

➛ Die Behörde für Umwelt und Energie bietet unter www.hamburg.de/naturschutzgebiet ausführliche Informationen zu den 33 Hamburger Naturschutzgebieten und unter www.hamburg.de/parkanlagen gute Beschreibungen der Hamburger Parkanlagen.

➛ Der NABU Hamburg (www.hamburg.nabu.de) veröffentlicht jedes Frühjahr eine Liste seiner über das ganze Stadtgebiet verstreut stattfindenden vogelkundlichen Spaziergänge.

➛ In der Carl Zeiss Vogelstation des NABU Hamburg in der Wedeler Marsch bei Hamburg lassen sich besonders gut Wasser- und Watvögel beobachten. Öffnungszeiten: Mittwoch, Donnerstag, Samstag, Sonntag und an Feiertagen von 10 Uhr bis 16 Uhr.